人椅系统空气动力特性模拟与分析

陈德华 著

科学出版社

北京

内 容 简 介

本书系统介绍了飞机人椅系统空气动力特性的试验模拟方法和数值模拟方法,对人椅系统在亚跨声速、大迎角、大侧滑角范围的空气动力特性进行了分析研究。全书共 7 章:第 1 章阐述了弹射救生系统的发展历程与趋势、国内外研究概况、主要研究方法等;第 2 章简要介绍了涉及的气动基础知识和试验原理;第 3 章分析了试验模拟的不确定度;第 4 章介绍了数值模拟方法和典型的计算结果;第 5 章详细介绍了地面模拟试验方法和典型结果;第 6 章结合前述内容详细分析了人椅系统的空气动力特性;第 7 章初步建立了人椅系统研制技术平台。

本书可供从事高速风洞试验、空气动力学研究、弹射救生系统研制的工程技术人员使用,也可供高等院校有关专业的师生参考。

图书在版编目(CIP)数据

人椅系统空气动力特性模拟与分析 / 陈德华著. —
北京:科学出版社,2019.6
ISBN 978 - 7 - 03 - 060945 - 8

Ⅰ.①人…　Ⅱ.①陈…　Ⅲ.①飞机—空气动力学—研究　Ⅳ.①V211.4

中国版本图书馆 CIP 数据核字(2019)第 058766 号

责任编辑:徐杨峰 / 责任校对:谭宏宇
责任印制:黄晓鸣 / 封面设计:殷　靓

科 学 出 版 社 出版
北京东黄城根北街 16 号
邮政编码:100717
http://www.sciencep.com

南京展望文化发展有限公司排版
苏州市越洋印刷有限公司印刷
科学出版社发行　各地新华书店经销

*

2019 年 6 月第 一 版　开本:(720×1000)B5
2019 年 6 月第一次印刷　印张:13 1/2
字数:220 000
定价:128.00 元
(如有印装质量问题,我社负责调换)

作者简介

　　陈德华,1960 年 4 月 25 日生,四川省宜宾市人,中共党员,军事科学院研究员、博士生导师,专业技术少将。2006 年享受政府特殊津贴。1982 年在北京航空学院(现北京航空航天大学)获学士学位,1999 年在南京航空航天大学获硕士学位,2004 年在北京航空航天大学获博士学位。1982 年至今,在中国空气动力研究与发展中心从事国防科研工作,曾任中国空气动力研究与发展中心高速空气动力研究所 201 室副主任、203 室主任、204 室主任、副总工程师、总工程师,现为中国空气动力研究与发展中心专业副总工程师、空气动力学国家重点试验室副主任,南京航空航天大学、电子科技大学兼职教授,国家高技术计划专家组专家。中国空气动力学学会第四、五、六届理事会理事,中国空气动力学学会第五、六、七届流动显示专业委员会副主任委员,中国力学学会第八、九届试验流体力学专业组成员,高速空气动力研究所《气动研究与发展》第七届编委会主编,《空气动力学学报》《实验流体力学》等期刊编委。长期从事飞行器试验空气动力学研究,主持完成 30 余项国家重点型号科研试验设备配套技术改造等重大国防科研任务,在风洞性能标定、战斗机弹射救生系统空气动力特性、风洞与飞行相关性研究、飞行武器高速地面模拟研究等多个研究方向取得了突出的研究成果,获得部委级科技进步奖 16 项,其中一等奖 4 项、二等奖 8 项,获得国防/国家发明专利 17 项(12 项为第一发明完成人,5 项为第二发明完成人),已出版专著一部,在国内外核心期刊上发表论文 40 余篇。

前 言 | PREFACE

在航空救生的发展历程中,敞开式弹射座椅一直是世界各国战斗机乘员救生的主要装备,其中飞行员与弹射座椅组成的人椅系统是救生中最为重要的子系统。随着战斗机飞行速度和机动性能的不断提高,在紧急情况下,要求弹射座椅在各种飞行姿态、飞行速度、飞行高度下都能实现应急救生,人椅系统弹射到空中所呈现的飞行姿态将十分复杂,如何准确测量与确定人椅系统在宽广姿态范围的空气动力特性是进行高性能弹射救生系统研制的一个关键性问题。因此,进行人椅系统宽广姿态和宽速域范围的空气动力特性研究,对于现代先进弹射救生系统的研制是极为重要的。

本书在作者研究工作的基础上,系统地介绍了飞机人椅系统空气动力特性的试验模拟方法及数值模拟方法,对人椅系统在亚跨声速、大迎角、大侧滑角范围的空气动力特性进行了分析研究。此外,书中还引用了中国空气动力研究与发展中心高级工程师郑世华、李晓华等在 1.2 米跨超声速风洞开展人体空气动力肢体测力试验的研究成果。

本书是我国第一部有关人椅系统在复杂姿态及宽广速域范围空气动力特性模拟与分析研究方面的专著,涉及的内容主要有:与人椅系统空气动力特性研究相关的空气动力学基础知识与风洞试验原理,人椅系统的空气动力特性风洞试验模拟方法、数值模拟方法、风洞试验不确定度及人椅系统空气动力特性分析等,以及人体空气动力特性及其风洞模拟方法。

本书还引用和参考了国内外同行的一些论文或书籍,谨向这些论文或书籍的作者致以诚挚的谢意。本书在完成过程中,得到了中国空气动力研究与发展中心高速空气动力研究所周岭研究员、刘光远博士、刘大伟博士、许新、熊贵天等的帮助,还有我的同窗好友隋洪涛博士的鼎力支持,在此对他们表示衷心的感谢!

2018 年 9 月

目 录 | CONTENTS

第1章 绪 论

1.1 航空弹射救生系统发展

自莱特兄弟发明飞机的 100 年来,飞机应急救生问题始终是世界各国航空业界关注的焦点。飞机上最早的应急救生手段是救生伞,当飞机飞行发生故障失事时,由飞行员依靠自身的体力爬出飞机座舱,然后打开自身背后的救生伞实现救生。然而,随着飞机飞行速度的不断提高,当飞机飞行速度超过 400 km/h 时,在强大的气流作用下,飞行员依靠自身的体能已经无法爬出座舱跳伞实现救生,即使能爬出座舱跳伞,也极可能与飞机的机翼或尾翼相撞而身亡。为了在飞机高速飞行情况下仍能成功实现救生,需要研制一种新的救生装置。弹射座椅就是适应这种情况而研制出的新救生装置,它是一种用弹射动力将飞行员与座椅一起弹射离开失事飞机的救生装置,它的出现较好地解决了飞机在高速飞行时飞行员无法救生问题,有力地保障了飞机在飞行事故或在空战中飞行员的生命安全,为保存部队的战斗力做出了重大贡献。据统计,自第一台弹射座椅研制成功至今,全世界有 15 000 多名飞行员获救[1]。

弹射座椅已有近 70 年的发展历程,伴随着战斗机性能的提高,弹射座椅的性能也随之提升。迄今,它已发展至第三代,并正在预研第四代。第一代弹射座椅为弹道式弹射座椅,利用滑膛火炮的原理把人和座椅一起从高速飞行的飞机上弹射出飞机座舱。弹道式弹射座椅能解决飞行员在高速条件下应急离机救生问题,但在 300 m 以下的高度弹射座椅弹射救生的死亡率很高。第二代为火箭弹射座椅,其特点是增加了火箭弹射动力,把火箭作为弹射座椅的第二级动力,在人椅系统弹射出座舱后,再由火箭把人椅系统继续推动向上运动,以解决零高度弹射救生问题。第三代为采用多态程序控制火箭弹射座椅,其主要特点是采用速度传感器,根据应急离机的飞行速度的不同,由救生程序执行不同的救生模式,以解决飞机在各种不利姿态下的弹射,如飞机横飞、倒飞时均能使弹射座椅顺利弹射离开飞机实现安全救生。尽管弹射座椅已发展至第三代,但从弹射救生实践来看,弹射座椅性能的提高还没有赶上飞机的发展。例如,第三代弹射座椅的安全救生范围虽已扩展到飞行高度 0~25 000 m 和当量空速 0~333 m/s,但飞机的飞行速度早已超过了声速[2]。目前,国外正在进行第四代弹射座椅研制,其目标是在第三代弹射座椅的基础上,提高弹射座椅在大速度、不利状态下的弹射成功率,其特点是采用自适应控制技术、推力控制技术、高速气流防护技术和高速稳定技术,使弹射座椅的性能包线达到 0~389 m/s,最大马赫数达到 3,高度为 0~25 000 m[1]。

1.2 人椅系统空气动力特性研究目的和意义

在弹射救生系统中,飞行员与弹射座椅组成的人椅系统是救生中最为重要的子系统。随着飞机飞行速度和机动性能的不断提高,要求弹射座椅的安全救生包线范围也随之扩大,即弹射座椅的救生能力包线要随飞机飞行性能包线的扩大而扩大。飞机性能的大幅提升,必然对弹射座椅性能的要求将更加苛刻,要求弹射座椅在飞机的各种飞行姿态、飞行速度、飞行高度下都能实现应急救生。因此,要研制高性能的弹射座椅,就必须准确地预计飞机的人椅系统性能,而要准确地预计飞机的人椅系统性能,就必须获得人椅系统在宽广姿态范围的空气动力特性。现代高性能飞机飞行包线范围十分宽广,而应急弹射救生全出现在飞机的失事状态,这种失事状态可能处于飞机飞行的安全包线边缘或安全包线之外。在较严重情况下,飞机不但处于高速、大迎角、大侧滑角条件下,而且还会伴随有绕三个轴高速旋转及纵、横向交感运动。这导致人椅系统不但面临高速、大迎角、大侧滑角运动,还会因惯性带来各种复杂的旋转运动,即人椅系统弹射到空中所呈现的飞行姿态将十分复杂。准确测量与确定人椅系统在宽广姿态范围的空气动力特性是高性能弹射救生系统研制必须解决的一项关键技术难题。因此,进行人椅系统大迎角大侧滑角空气动力特性研究,对于弹射救生系统的性能预估、弹射飞行轨迹计算及故障分析非常重要,也对弹射座椅的研制极为重要,且是一项难度极高的研究工作。

　　人是战争中最重要的因素,因此,人椅系统作为飞机发生故障或在空战中遭受敌方攻击而不能继续飞行的情况下用于快速逃离飞机的应急救生系统,是现代作战飞机不可或缺的、极为复杂的分系统之一,其空气动力性能的优劣和空气动力特性能否准确测定将直接关系到应急救生时飞行员的生命安全。飞机上采用的人椅系统主要有两类:弹射座椅(含人体外形)和弹射分离座舱。弹射座椅又包括敞开式火箭弹射座椅、密闭式弹射座椅和舱盖带离弹射座椅等布局形式。在弹射应急救生中,飞机弹射救生过程如图 1.1[3] 所示,它由 10 个环节组成[1]:抛掉座舱盖、弹射火箭打火、人椅脱离飞机、射出稳定减速伞、稳定人椅、人椅分离、安全带打开、伞绳拉直、伞衣充气、伞衣张满稳定下降。本书主要目的是为我国自行研制高性能弹射救生系统的空气动力设计建立一个技术支持平台,并结合理论分析,对其中第 3 个环节与第 4 个环节之间人椅系统处于各种姿态时的空气动力特性进行研究。

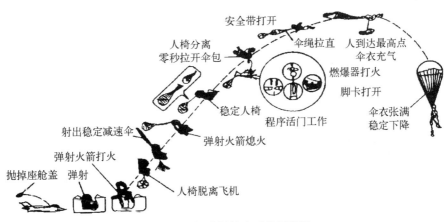

图 1.1　飞机弹射救生过程示意图

　　长期以来,人椅系统的空气动力设计一直是设计师们孜孜以求而又不尽如人意的问题。从人类跨越声障至今,军用飞机的飞行速度和性能不断提高和改善,机动性和敏捷性日益增强,作战效能得到了极大提高。同时,随着现代防空导弹和空空导弹武器系统的不断更新换代,打击精度不断提高,使得作战飞机面临的战场环境更加险恶,遭受攻击的概率增大。因此,从安全救生范围、可靠性和可维护性等方面对机载救生装置不断地提出了新的要求。然而,总的来看,近几十年来机载救生系统性能的改进明显滞后于飞机性能的提高[4]。有关统计表明[5-6],自 1980 年以来,飞机弹射救生的成功率呈逐年下降趋势,而且飞机失事时的飞行速度越高,乘员弹射成功离机后的伤亡率越高。例如,美国空军公布的有关统计数字表明,飞机失事时的飞行速度为马赫数 0.60 时,飞行员弹射离机后因受高速气流吹袭造成的受伤率超过 10%;而当飞机失事速度增加到马赫数 0.80 时,气流吹袭导致的飞行员重伤和致残率达到 50%[7-8]。

在低空、高速环境下人椅系统和离开弹射座椅之后的飞行员处于高速压环境,承受强气流吹袭引起的空气动力载荷。此类环境中导致飞行员伤亡的主要因素有三个:

(1)救生装置过大的气动阻力引起的减速过载;

(2)作用在飞行员身体上的空气动力载荷(当马赫数接近 1 时,激波的作用尤其显著);

(3)人椅系统空气动力不稳定引起人椅系统的多自由度快速转动。

这些问题的出现都与作用在乘员/弹射座椅救生系统上的空气动力特性息息相关,理论上可以通过合理的空气动力设计来减少和消除这些因素的影响,提高弹射救生的成功率。这种合理的空气动力设计则必须建立在飞机人椅系统精细、全面的风洞试验基础上才能实现。

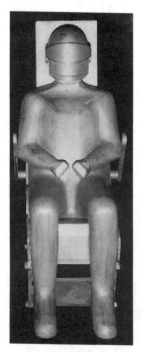

图 1.2 弹射救生系统模型照片

飞机人椅系统的空气动力特性是计算弹射飞行轨迹(保证人椅系统弹射后不与飞机相撞)、系统稳定(人椅系统弹射后适时打开救生降落伞保证飞行员安全着陆)及性能分析的重要依据,尤其是大迎角、大侧滑角状态的空气动力特性,对于弹射救生系统的研制极为重要。飞机人椅系统模型如图 1.2 所示,从空气动力学角度看,它属于非常规复杂钝体外形,其绕流中存在转捩、激波、分离等复杂流动现象,使流场中的流动结构十分复杂,流动特性变化规律也十分复杂。人椅系统的空气动力特性受人体外形尺寸、人与座椅间的相对位置等因素的影响,弹射到空中的运动姿态范围也十分广泛,气流绕人椅系统的流动呈现分离流特性,这就决定了人椅系统空气动力特性的复杂性。获得人椅系统空气动力特性有风洞试验、火箭滑车试验、计算流体力学(computational fluid dynamics, CFD)方法等技术途径。由于人椅系统复杂的非流线型钝体外形,而且其应急救生弹射到空中时可能处于多自由度的大幅值动态运动之中,在当前及不久的将来,用计算流体力学方法准确计算出人椅系统的空气动力特性将是一个非常困难的问题,即使用计算流体力学方法计算出来,仍然需要用风洞试验结果来检验其可靠性。火箭滑车试验虽然更能反映真实情况,但其试验费昂贵,测试数据不易获取,且在试验中还存在地面效应。而采用风洞试验来获得人椅系统的空气动力特性,则具有试验条件严格控制、可以对飞机人椅系统在广泛的姿态范围进行比较准确地测量、在比较短的时间内可获取大量的试验数据等优点。因此,在弹射救生系统研制中,准确获取人椅系统空气动力特性的最主要手段仍然是风洞试验。

风洞试验的目的和用途主要有两点:一是测定人椅系统的总体空气动力特性,以计算其弹射后的飞行轨迹和稳定性;二是测定飞行员由座舱弹射到空中时,飞行员身体各部位(头、上臂、前臂、大腿、小腿等)的空气动力特性,进而研究飞行员抗气流吹袭的耐力及可能引起的人体肢解问题。长期以来,由于缺乏成熟的理论预估方法,其空气动力设计数据主要是通过缩尺模型风洞试验和基于风洞试验数据的经验估算来获得,而这类外形要在大迎角、大侧滑角范围进行风洞试验存在较大的困难和一定的局限性,主要表现在三个方面:

(1) 跨声速时,此类外形的绕流特性复杂,风洞试验要做到准确测量比较困难;

(2) 由于此类模型的特殊性,要实现宽广姿态范围的风洞试验,其支撑非常困难,在一些试验状态下还存在较大的支撑干扰,而且由于外形的复杂性和特殊性及受风洞试验段尺寸的限制等,采用风洞试验方法难以准确扣除支撑干扰的影响,进而影响试验结果的准确性;

(3) 此类外形的风洞试验模型和所需要的试验装置比通常情况下要复杂得多,无论在经费开支还是在试验周期上付出的代价都比较大。

采用计算流体力学方法获得人椅系统空气动力特性,虽然难度大且仍需要风洞试验来验证其可靠与否,但计算流体力学方法可以以比风洞试验所需的花费少得多的代价来获得流场内细节的定量描述,这是风洞试验难以做到的。只要数值模拟方法的数学模型能够正确建立,就可对比较广泛的流动参数(如马赫数、雷诺数、飞行高度等)较快地给出流场的定量结果,而不受风洞试验中固有约束条件(如洞壁干扰、支架干扰等)的影响[9]。因此,即便目前尚无准确的计算流体力学方法来获得人椅系统的空气动力特性,开展飞机人椅系统数值模拟研究仍是非常有意义的,它可以从某些方面弥补风洞试验的不足。

在 20 世纪 80 年代以前,我国战斗机的机载弹射救生系统大多是引进和仿制的,完全自行研制设计的较少。因此,这段时间内,对于摸透人椅系统的空气动力特性,并对其局部进行改进,在 0.6 m 量级跨超声速风洞中建立的试验技术基本上可满足我国当时弹射救生系统研制对风洞试验的需求。现在我们所面临的是要自主设计、研制出可供第四代及更先进的战斗机使用的高性能弹射救生系统,且由于先进战斗机飞行性能包线范围扩大,要求弹射救生系统的性能包线也要随之扩大,因而要求在更大的姿态角(迎角在 0°~360°,侧滑角在 0°~±180°)范围研究和准确测定人椅系统的空气动力特性。然而,在 0.6 m 量级小风洞中建立起的试验技术,由于迎角及侧滑角变化范围窄,已不能满足高性能飞机人椅系统空气动力特性研究的需求。必须针对高性能飞机人椅系统对空气动力特性研究需求的特点,在 1.2 m 量级跨超声速风洞中开展新的试验技术研究。因此,开展人椅系统大迎角大侧滑角试验技术研究及其空气动力特性研究势在必行,通过将风洞试验技术研究与空气动力数值模拟研究有机地结合起来,有助于深入研究、分析和认识人椅系统及人体空气动力特性变化规律。通过建立先进、准确、可靠的大迎角大侧滑角试验技术,旨在为人椅系统模型的空气动力特性测量和各种飞机的弹射救生安全性研究,以及为弹射救生系统设计提供良好的风洞试验研究技术平台,为我国高性能弹射救生系统的研制及其性能预估、弹射飞行轨迹计算以及故障分析等提供可靠的技术支撑、准确可靠的试验结果和设计依据,并可检验空气动力数值模拟方法的正确性与可靠性,以及为数值模拟方法改进指明方向。通过有针对性的研究,建立适合人椅系统这类复杂外形的数值模拟技术平台,并经风洞试验验证其方法正确,计算结果可靠,则可以起到以下积极作用:

(1) 在型号方案设计和初样设计阶段对若干候选外形进行空气动力数值计算和初步选形,指导制定风洞试验大纲,减少风洞试验车次,缩短设计周期;

(2) 在通过风洞试验确定人椅系统的基本外形之后,对其绕流特性进行空气动力数值模拟和分析,不断改进和优化其空气动力特性;

(3) 对风洞试验的支撑干扰和洞壁干扰等进行模拟和修正,提高风洞试验数据的精准度,作为风洞试验的补充、加强和完善。

随着计算流体力学与计算机技术的飞速发展,空气动力数值模拟方法必将在高性能弹射救生系统研制中与风洞试验一样发挥重要的作用。因此,开展高速风洞人椅系统大迎角大侧滑角试验技术,并进一步结合数值模拟方法对其空气动力特性进行分析研究,对于提高我国飞机弹射救生系统的空气动力设计能力和整体研制水平具有重要意义。

1.3　国内外飞机人椅系统空气动力特性地面模拟研究

安全救生技术是对军用飞机发展产生重大影响的关键技术之一,而人椅系统空气动力特性则是安全救生技术发展中极为重要的一个专业环节。因此,世界各航空大国对人椅系统空气动力特性研究高度重视。

我国在弹射救生系统研制中,历来都重视人椅系统的空气动力特性研究。从 20 世纪 60 年代起,我国为解决战斗机新型弹射救生系统在不同高度、不同速度及各种飞行姿态时的弹射救生问题,在高速风洞中,已进行过不少试验研究。但由于受当时的设备条件所限,人椅系统试验技术研究工作主要在 0.6 m 量级跨超声速风洞中开展。

为解决我国 J-7Ⅱ 和 J-8 飞机新型弹射救生系统的空气动力问题,中国空气动力研究与发展中心高速空气动力研究所吴慰祖研究员在 1980 年根据 0.6 m 跨超声速风洞的特点和当时的国情,首次在国内开展了映像半模试验技术在飞机人椅系统大迎角试验中的应用研究[10],如图 1.3 所示。为检验映像半模试验技术进行人椅系统大迎角试验的可行性,该项研究还以美国 B-58 飞机的救生舱外形制作了标模(图 1.4),所用模型缩比为 1 : 10,并采用五分量侧壁支杆天平进行了风洞试验研究。试验马赫数范围为 0.60~1.798,试验迎角为 0°~±90°,试验研究结果表明,在跨超声速范围内,所获得的 $\alpha = 0° \sim \pm 90°$ 范围的试验值与美国 3 m 量级高速风洞中用尾支撑及多个模型组合而得到的试验研究结果有较好的一致性,且相互间的空气动力特性变化规律基本相同。此外,还将该试验技术用于当时急于进行的 J-7Ⅱ 新型弹射救生系统的试验中[11],获得了 $Ma = 0.60 \sim 1.798$、$\alpha = 0° \sim \pm 158°$ 范围的纵向空气动力特性。该新型弹射救生系统的外形与美国 F-101、F-106 和 B-47 的弹射救生系统外形类似,试验研究结果分析比较表明,二者的结果与变化规律比较相近。该试验研究结果已应用到 J-7Ⅱ 型弹射救生系统的设计中。其弹射轨迹及稳定性计算与真实弹射座椅在火箭车飞行试验时的

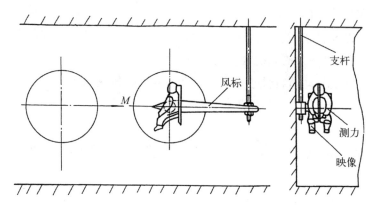

图 1.3   弹射救生系统映像半模试验示意图

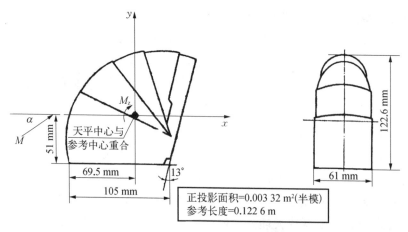

图 1.4   WAAD 救生舱外形示意图

结果基本吻合。该项试验技术为成功研制当时我国的弹射救生系统发挥了重要作用。

1982 年,由吴慰祖、杨绍德负责,在 0.6 m 跨超声速风洞(FL - 21)中进行了人椅系统模型在跨超声速时手臂空气动力特性测量试验研究[12]。采用缩比为 1:10 的模型以及四台五分量小载荷天平进行了飞行弹射时"握扶手""拉中央环"两种手臂状态的空气动力特性的测量与研究。该测力试验研究旨在测定人体左右手臂在出舱姿态时所承受的空气动力载荷,以研究飞行员被弹射到空中时其手臂抗气流吹袭的耐力和肢解问题。在国内首次完成了人椅系统模型手臂空气动力载荷测量,其阻力经 Re 数修正后的结果与真实人椅系统在空中弹射时的测量值比较接近,经修正后的风洞试验结果已用于人体弹射规范中。

　　20 世纪 60~70 年代,原三机部六院七所也在 0.6 m 量级跨超声速风洞中进行过人椅系统测力及测压试验研究[13-17]。1966 年 1 月,在 7FD‑01 风洞中利用无稳定装置的救生座舱模型[13]进行了跨超声速测力试验,试验迎角范围为−40°~45°,试验马赫数范围为 0.60~2.29,试验研究结果与美国 10 ft* 跨声速风洞和 2 ft 超声速风洞的结果[13]基本一致。1966 年 10 月,在 7FD‑01 风洞中还进行了 J‑8 人椅系统纵、横向测力试验研究[15],试验迎角范围为−30°~90°,试验马赫数范围为 0.50~2.29。试验研究结果表明,不同尾支杆直径($d/D=0.62$、0.47)对测力结果没有明显影响,不同模型堵塞度($\varepsilon=0.75\%$、1.48%)对阻力和升力有一定影响,对俯仰力矩基本没有影响。1971 年,在 FL‑1 风洞(试验段口径 0.6 m)对 1∶10 的 J‑6 Ⅱ座椅模型及带有稳定装置的人椅系统模型进行了跨超声速纵向测力试验,利用更换天平接头的办法,测得 $Ma=0.50\sim2.527$,$\alpha=-30°\sim90°$的空气动力试验数据。在 FL‑1 风洞还进行了 1∶10 的 J‑8 救生系统模型测压试验[16]以及 1∶20 的 J‑8 机与人椅系统干扰测力试验[17]。测压结果表明,在 $\alpha=0°\sim17°$及 $Ma=0.50\sim2.034$ 范围内,作用于人体前胸部及小腿处压力最高,而在大腿上的压力则较低,当人体后仰,由 $\alpha=0°$增至 17°时,作用于面部压力降低,而作用于腿处的压力则增高。在干扰试验中,J‑8 机模型可沿 $\alpha=17°$线上下移动,从而模拟了人椅系统脱离座舱时的情况,在四个位置上,测量了有飞机干扰下,人椅系统模型所受的纵向空气动力特性,试验结果表明,随着人椅系统离开座舱距离增加,人椅系统所受阻力增加,当人椅系统刚出舱时,由于飞机的存在而使人椅系统模型承受向上的升力。

　　由上述可见,国内在本研究开展之前就已对引进和仿制的几种人椅系统做了一系列局部的试验,积累了不少经验。从飞机人椅系统试验技术研究来看,国内已建立的试验技术均是在 0.6 m 量级高速风洞中建立的,但存在模型缩比小、能实现的迎角及侧滑角范围窄等问题。可以说并未建立一个可对高性能人椅系统全方位(迎角为 0°~360°,侧滑角为 0°~±180°)姿态角范围进行测力试验的风洞试验技术平台,无法满足高性能弹射救生系统研制进行宽广姿态范围风洞试验的需求。如不建立这一技术平台就不可能研制出我国自行设计的高性能飞机弹射救生系统。要在有限尺寸的风洞中研制出一套支撑系统,使人椅系统模型可在 0°~360°迎角、0°~±180°侧滑角

＊　1 ft = 0.304 8 m。

的全方位姿态范围准确变化姿态,且要保证这种复杂的非流线型钝体外形支撑干扰、洞壁干扰尽可能小,并能有办法扣除是非常困难的。因此,这种支撑系统的研制是本项研究能否成功的核心技术之一。

美国对人椅系统的空气动力特性研究工作高度重视。对人椅系统的空气动力特性研究投入了大量的人力和物力,开展了较为深入、广泛及系统的风洞试验研究。例如 B-58 救生舱[18],以及 B-47、F-101、F-106、F-4 等飞机的人椅系统[19-23]均在高速风洞中进行过大量的空气动力试验研究。与国内试验研究不同的是,这些试验研究工作基本上都是在大型高速风洞中进行的。美国空军救生发展部曾在 20 世纪 50 年代末至 60 年代初在 WADD-10 ft 风洞进行了 1:5 缩尺的 WADD 救生舱模型试验,试验马赫数为 0.50~1.20,试验迎角为 0°~±90°,采用尾支撑方式的内式六分量天平测量模型的空气动力[24]。在大型高速风洞(如美国 AEDC-16 ft 跨声速风洞)中,研制了复杂的试验模型支撑系统[23](图 1.5),该支撑系统能够进行人椅系统模型在迎角 0°~360°范围的风洞试验,迎角改变是通过模型与尾支杆三个不同连接点,以及带有遥控液压作动筒的 120°扇形板来上下转动模型而实现的。模型侧滑角是利用绕垂直轴旋转整个模型和支撑系统来完成的。尽管该支撑系统可实现迎角 0°~360°范围和侧滑角 0°~-45°范围的变化,但该支撑系统存在迎角不能连续变化,需要分三段(0°~120°、120°~240°、240°~360°)来实现 0°~360°的迎角变化,且实现这三段迎角变化的支撑位置不同,以致所获得的试验数据衔接性不好,即试验曲线不光滑(迎角分段搭接处出现台阶),且模型试验侧滑角变化范围窄。利用该支撑系统进行了多种因素(如马赫数、迎角、侧滑角、不同飞行高度的火箭喷流、不同手的位置、不同乘员身材的人椅重心位置、不同座椅外形及雷诺数等)对人椅系统空气动力特性影响的试验研究,同时,对不同飞机的人椅系统用不同缩比模型(如 1:2 模型和全尺寸模型)进行了大量的风洞试验,测量了马赫数为 0.60~1.50、迎角为 0°~360°、侧滑角为 0°~-45°范围内的空气动力特性。美国还在 AEDC-16 ft 跨声速风洞中,使用 1:2 缩尺的先进概念人椅系统(ACES-II 人椅系统)模型与相同缩尺的 F-16 前机身模型(座舱盖打开)进行了人椅系统弹离座舱时的空气动力干扰特性研究,在马赫数 0.40~1.20 范围及不同迎角下,使用六分量内式应变天平测量了人椅系统距座舱不同距离时的空气动力特性[25-26]。

以上国外情况均来自公开可见的有关参考文献,不可能全面反映国外关于人椅系统空气动力特性研究情况。从上述国外已公开的人椅系统试验技术来看,尽管迎角可实现 0°~360°,但侧滑角只能到−45°,且实现的试验技术装置十分复杂,在 1.2 m 量级高速风洞中建立如图 1.5 所示的试验装置是不可能的。因此,为满足我国先进战斗机高性能弹射救生系统研制的需求,要在 1.2 m 量级高速风洞中建立大迎角(0°~360°)大侧滑角(0°~±180°)的试验技术平台,技术难度大,是一项具有挑战性、开拓性的研究工作。

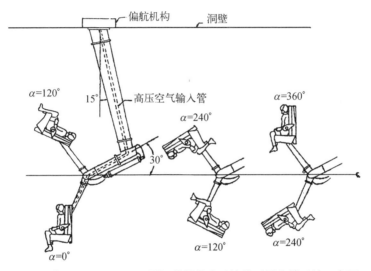

图 1.5 美国 AEDC‐16 ft 风洞弹射救生系统模型尾支撑系统示意图

1.4 国内外飞机人椅系统空气动力数值模拟研究

与国外相比,我国在战斗机的机载弹射救生系统研制过程中,对人椅系统的空气动力特性研究投入的力度还显得比较薄弱。近十多年以来,尽管计算流体力学取得了长足进步,建立了求解非线性 Euler 方程组和 Navier‐Stokes 方程组的多种较为成熟的方法,并且在我国各类飞机、战略/战术导弹及航天再入飞行器的空气动力设计上有着广泛的应用,但多年以来针对此类复杂外形开展的空气动力数值模拟研究在我国几乎是空白。随着我国战斗机的升级换代、战术技术性能的提高以及战场环境的复杂化等,为提高人椅系统应急救生成功率,扩大其安全救生范围,对各类现有机载人椅系统进行必要的重新设计将势在必行,开展此类复杂外形的空气动力数值模拟研究在我国具有很强的型号背景需求和广阔的应用前景。

早在20世纪初期,流体力学专家就为计算流体力学的发展奠定了理论基础,但计算流体力学发展到能解决工程实际问题是以计算机技术的发展为前提的,即计算机技术的发展构成了计算流体力学发展的基础。特别是从20世纪60年代开始,由于计算机技术发展迅速,极大地促进了计算流体力学研究工作的发展,研究内容广泛,并应用于工程实践中。从20世纪60年代末期到80年代中期这一时期,计算流体力学的发展主要是以面元法为代表的线性计算流体力学。航空工业界发展了功能比较齐全、完善的面元法计算软件。面元法具有计算快速性和易使用性的特点,因此成为当时在飞机设计中经常使用的工具之一。面元法应用范围为小迎角状态的低速、亚声速和超声速流动,但是在进行大迎角大分离计算时精度比较差,因此,也就无法应用于飞机人椅系统的空气动力特性研究。

20世纪70年代,流体力学非线性方程数值求解有了突破性的进展,使计算流体力学进入了一个新的发展阶段,这就为计算流体力学用于飞机人椅系统这类复杂的非流线型钝体外形的空气动力特性研究奠定了基础。迄今,计算流体力学非线性方程数值求解的基本过程包含以下几个步骤:

(1)建立准确的几何模型及合适的计算域;

(2)在计算域空间内生成网格;

(3)将方程离散到每一个网格点上,采用一定的数值方法进行迭代,直至获得收敛的解;

(4)后处理,分析数据。

其中网格生成和数值方法是最为重要的,这也决定了计算流体力学能否真正有效地解决复杂工程问题。网格生成方法经历了以下几个发展阶段。

(1)结构网格方法。1974年Thompson等提出用求解椭圆型方程方法生成贴体结构网格,开创性地发展了网格生成技术。之后Steger等又提出了用求解双曲型方程方法生成贴体结构网格。结构网格正交性好,但一般只能对简单几何生成,复杂外形很难生成。

(2)分块结构网格方法。为了能对复杂的几何外形生成网格,人们在结构网格上运用多块对接技术和多域重叠技术发展成了分块结构网格方法。尽管人们曾经用分块结构网格方法对翼身组合体甚至整架飞机生成了网格,但这是一件非常耗时且难度相当大的工作。面对外形日益复杂、形状各异的现代飞行器,尤其是人椅系统这类复杂的非流线型钝体外形,结构网格显得力不从心。

（3）非结构网格。为了适应飞行器型号研制与发展的需求,并在数值方法快速发展的推动下,使得一种适合于任意形状的自动网格生成技术在 20世纪 90 年代初应运而生,这就是非结构网格技术[27-31]。非结构网格技术的基本思想基于如下假设:四面体是三维空间最简单的形状,任何空间区域都可以被四面体单元所填满,即任何空间区域都可以被以四面体为单元的网格所剖分。由于非结构网格舍去了网格节点的结构性限制,易于控制网格单元的大小、形状和网格点的位置,因此,非结构网格比结构网格具有更大的灵活性,对复杂外形的适应性非常强,而且可以方便地进行网格自适应,以提高计算精度。

（4）混合网格。混合网格就是在计算空间内生成有结构网格和非结构网格,以适应不同几何外形的要求,但仍采用非结构网格的数据结构。这种方法最大的好处是可以减少网格数量。非结构网格和混合网格使得快速对飞机人椅系统这类复杂的几何外形生成高质量网格成为现实。

数值方法与所求解的非线性方程是息息相关的。一开始是求解满足某种假设而简化的方程,然后逐步提高所求解方程的形式。1970 年,Murmann和 Cole 对基于小扰动假设的小扰动速势方程提出了型相关方法,即在亚声速区使用中心差分格式,在局部超声速区则使用一侧差分格式建立跨声速流中混合型的差分方程,接着再使用线松弛法求解该差分方程,较好地模拟了带激波的跨声速绕流流场。这标志着数值模拟跨声速流场取得了突破性的进展,在跨声速流场的计算中开辟了一个新领域。紧接着 Jameson 提出了旋转差分格式,将型相关方法进一步推广到基于无黏、无旋假设的全位势方程。Balhaus 和 Lomax 等又提出了近似的隐式因式分解法,其收敛速度大大提高。他们还用此方法求解了非定常跨声速流动。全位势方程求解成熟于20 世纪 80 年代末,但它的计算精度仍然不能满足工程实用的要求,尤其是流场中存在有强激波时(此时无旋假设不成立)更是如此。对 Euler 方程的研究始于 20 世纪 70 年代,1975 年 Beam 和 Warming 用隐式近似因子分解法求解 Euler 方程[32],并推广应用于求解 Navier－Stokes 方程(简称 N－S 方程)。这些经典的差分格式对模拟激波的分辨率不高,且容易在激波处产生伪振荡。为了能够准确模拟激波位置及强度,在随后的十几年中,计算流体力学工作者发展了大量高精度、高分辨率差分格式[9,33],比较成功的有无波动无自由参数的耗散(NND)格式、基本无振荡(ENO)格式、总变差减少(TVD)格式、通量分裂和通量差分裂相比以及界值为限(MmB)格式等,这些差分格式可对包含有激波、旋涡、分离等现象的非光滑流场进行模拟。可以说,Euler 方程数值模拟方法的精度已接近于它有效使用范围的极限。由于计算机的快速发展,目前 Euler 方程求解飞行器绕流的周期也已经完全可以被工程部门所接受。N－S 方程被认为是模拟牛顿流体的最高形式,因此,求解 N－S 方程并应用于解决工程实际问题一直是计算流体力学工作者所期望的。实际上,1969 年 MacCormack 就提出了二步显式格式求解 N－S 方程。随后二十多年中,在 Euler 方程中发展出的高分辨率的差分格式也相继用于 N－S 方程,这些格式的应用极大地改进了跨声速、超声速和高超声速流场的计算方法。但是,直到最近十年左右的时间,随着计算机技术的迅猛发展,用 N－S 方程模拟飞机人椅系统这类复杂外形的黏性流动才得以可能实现。目前能有效求解飞机人椅系统这类不规则复杂几何外形绕流的软件还不多见,一般的软件在计算这类问题时会由于分离太大而出现难以收敛的现象。

美国、俄罗斯及欧洲诸国一向注重飞机人椅系统的空气动力设计与研究,20 世纪 90 年代后加大了对空气动力数值模拟研究的投入。最近十几年来,随着计算流体力学的迅猛发展,国外已将数值模拟方法广泛用于研究人椅系统空气动力问题[33-37]。Caruso 和 Mendenhall[34] 使用薄层 N－S 方法进行二维分析,以验证将 CFD 技术用于人椅系统问题。Wurtzler[35] 使用欧拉方法模拟 B－1A 逃逸封闭舱的流动。Habchi 和 Prezekwas[36] 在 20 世纪 90 年代开展了将三维 N－S 方法用于人椅系统的数值模拟研究。特别是美国海军、空军在人椅系统空气动力数值模拟方面资助和组织开展了系统的研究,取得了很好的军事效益和经济效益。其中最突出的是由美国海军武器试验中心飞机局资助,由 CFD 研究公司(CFD Research Corporation)具体承担开展的飞机人椅系统空气动力数值模拟研究项目,经过近十年的努力,成功开发出两套基于 N－S 方程的人椅系统空气动力数值模拟与分析软件平台,即 CFD－ACE 和 CFD－FASTRAN 以及配套的前后置处理软件,进行了广泛的数值计算验证和具体型号应用[37-47],现已投入工程应用,在同类技术中处于领先水平。

1.5　空气动力学——人椅系统安全救生的重要支撑技术

空气动力学主要研究物体在空气或其他气体做相对运动时的受力特性、绕物体的气流流动机理以及随之发生的物理化学变化,它来源于流体力学,在流体力学的基础上,随着航空航天工业的发展而快速成长起来的一门对于飞行器发展至关重要的学科,它有力地促进了航空航天工业的发展。人椅系统的外形由座椅和人体组合构成,外形复杂,属钝体型状。在战斗机遇到飞行故障需要对飞行员救生时,人椅系统弹射出舱后,要使系统在空中运动处于稳定控制,确保飞行员的生命安全,就必须研究人椅系统在宽广姿态范围的空气动力特性,即要研究人椅系统在迎角 0°~360°,侧滑角 0°~±180° 宽广姿态范围的空气动力特性,为设计稳定性好的弹身救生系统提供科学依据。因此,如何准确预测人椅系统宽广姿态范围的空气动力特性,对于人椅系统安全救生具有重大意义,是实现弹射救生系统安全的重要支撑技术。

第2章 空气动力学基础知识与风洞试验原理

2.1 空气动力学基础知识

空气动力学是研究空气绕物体(飞行器)流动规律和受力特性的一门学科,这一学科不仅在航空航天领域发挥着重大作用,而且在高铁、建筑、环境污染治理、汽车、风工程、体育等行业领域发挥作用,其研究方法有理论分析与数值模拟、风洞试验和飞行试验等。本节简要介绍一些空气动力学的基本概念,以便于读者更好地理解本书其他章节的内容,如要深入完整地学习空气动力学基础理论,可阅读相关的空气动力学专著[48-49]。

2.1.1 空气属性

1. 介质

在流体力学中常用"介质"这一名词来表示其所处理的流体,流体包括液体与气体。而空气动力学研究中的介质主要是指空气。在试验空气动力学研究中,有时为了特殊目的不用空气而用某种特殊气体,因而用介质表示更准确。气体由大量的分子构成,且每个分子都在不断地进行着不规则的热力运动,在海平面,每立方厘米内有 $2.7×10^{19}$ 个空气分子,其运动的平均自由程 l 为 10^{-8} mm,这个尺度与引起空气运动的飞行器(以米为单位)的尺度 L 相比非常微小,可忽略不计。在目前航空飞行器飞行的高度范围,飞行器在静止的大气中飞行所引起空气的运动,其变化范围与飞行器尺度 L 属同一数量级,这样,空气受飞行器飞行扰动而运动时,所表现出来的属性就是一个整体,表现出来的特征一定是宏观的属性,而不是以一个个分子为单位运动的行为,即流过运动物体表面的气流呈现为连续流。因此,在空气动力学研究中引用了连续介质这一概念。在空气动力学研究的速域范围(低速、跨超声速及部分高超声速),以及高度低于 50 km 的大气层内,都可在这一假设前提下开展研究,而且还可以比较方便地通过数学方法从宏观上研究气体的流动特性。然而在大气层外,分子的平均自由程与运动物体尺度同数量级,这时连续介质的假设就不适用了,此时运动物体所遇到的气流为自由分子流,需要用稀薄气体力学来研究飞行器的运动问题。还有处于连续流与自由分子流之间的流动,通常称为低密度流。迄今,在航空领域的飞行器所遇到的空气动力问题研究对象都是连续流。

2. 空气动力学的基本参数

飞行器在大气中飞行时,压力、密度、温度和速度等参数都将出现变化,通常将这四个参数称为空气动力学研究的基本参数。

(1) 压力:指气体分子动量的时间变化率,是在物体面上施加的单位面积的法向力。在物理学上把单位面积的压力称为压强,在空气动力学研究中,仍然沿用压力这一名称。实际上,压力不是在 1 平方米的单位面积来定义的,通常根据气体或一个面上的点来定义,且各点上的压力也可能不同。压力具有一个点的属性,是空气动力学研究中最基本和最重要的一个参数。压力常用的单位有: N/m^2、lb^*/ft^2 和 atm^{**} (标准大气压)。

(2) 密度:其定义是物质单位体积的质量。与压力一样,密度也具有一个点的属性。在空气动力学里,密度的单位是 kg/m^3。

(3) 温度:其定义是气体分子中粒子平均动能的量度,也可以说是度量物体冷热程度的一个参数。气体是由大量分子或原子组成的,这些粒子都有动能。在高超声速空气动力学研究中,温度是一个非常重要的物理量,其变化将会引起非常复杂的问题。

(4) 速度:对于速度 V,我们都非常熟悉,在物理学上对运动物体的速度有非常明确的定义:一物体在单位时间内移动的距离 s。而气流的速度这一概念就没有这么清晰。我们都知道,速度包含速率和方向,在气流中气体的速率和方向会因气流中点的不同而不同,因此,气流速度具有点的属性。

3. 完全气体状态方程

气体 p、ρ 与 T 之间的关系称为状态方程,对于理想气体的状态方程有

---

　*　1 lb = 0.453 592 4 kg。
　**　1 atm = 101 325 Pa。

$$p = \rho RT \qquad (2.1)$$

式中, R 为气体常数, 不同气体的 R 值不同, 标准空气的气体常数 $R = 287.053$ J/(kg·K), 空气在温度不太高、压强不太大的条件下基本上符合完全气体的规律。

需要指出的是, 实际气体与理想气体性质是有偏差的, 实际气体的状态方程可以用变形的贝特洛状态方程近似表示:

$$\frac{p}{\rho RT} = 1 + a\frac{p}{T} - b\frac{p}{T^3} \qquad (2.2)$$

式中, a、b 为气体常数。

从上式可见, p 越小, T 越大, 则偏差就越小, 气体的表现越接近理想气体。一般情况下, 仍把空气看作理想气体, p、ρ 与 T 之间的关系符合理想气体状态方程的关系, 且 R 为常数。只是在有些情况下, 气体常数 R 不再是一个常量。对于马赫数很高的高超声速流动而言, 必须计及气体的非完全性。例如飞船返回舱再入大气时(这时飞行速度为高超声速), 流场局部温度高达 11 000 K, 这时空气将发生化学反应, 其化学成分成为 p 与 T 的函数, 也不再是标准大气, 即状态方程中的 R 将是 p、T 的函数, 但此种情况理想气体状态方程仍然适用, 只是 R 不再是一个常量而已。

4. 流体黏性

所有流体均有黏性, 它是流体固有的一种属性。在空气动力学研究中, 为研究方便, 将连续流分为两类, 即黏性流和无黏流。在气体中, 分子随机运动将其质量、动量和能量从一个地方输送到另一个地方, 这种分子尺度的传输产生了质量扩散、黏性和传热现象, 大自然中的实际流动都受这些现象的影响, 这就是我们通常所说的黏性流动; 反之, 没有这些现象的流动则称为无黏流动。实际上, 任何流体都有黏性, 只是量值上有大小之分而已, 在自然界中, 并不存在无黏流动。但是, 无黏流动假设可使流动问题得到简化, 且不会失去流动的主要特性, 这在空气动力学研究中具有重要的使用价值。如对细长体的绕流, 通过无黏假设, 可以合理预测其压力分布和升力特性, 然而, 由于摩擦是引起阻力的因素之一, 因此无黏假设将导致阻力预测不准确。

5. 气体的弹性与流动性

对气体施加压力, 气体的体积就会改变。气体的弹性定义为: 压强增量对气体的单位比体积增量之比。比体积是单位质量所占的体积对密度的倒

数。弹性模量 E 的定义是

$$E = -\frac{\mathrm{d}p}{\mathrm{d}(1/\rho)/(1/\rho)} = \rho\frac{\mathrm{d}p}{\mathrm{d}\rho} \tag{2.3}$$

式中，$\mathrm{d}p/\mathrm{d}\rho$ 等于声速的平方，因此，气体的弹性取决于它的密度、声速。

气体是流体中的一种，也具有流动性。飞行器在空中飞行，它所飞过之处，空气必然会被排挤开，让其通过，这种被排挤开的运动称为受扰的运动，受扰动的空气还包括那些与飞行器未接触的空气，扰动会因空气微团相互作用而由近及远地传播。这种受扰动的传播速度与气体的弹性有关，从式 (2.3) 可见，即与声速有关，实际上，扰动不大时，这种传播速度就与声速相等，因此，对飞行器而言，单说空气的流动性就不够了，而必须在飞行速度和受扰动的传播速度的比值之下来讨论空气的流动性。当飞行器低速飞行时，相对于飞行速度而言扰动的传播速度快得多，这时空气的流动性好，飞行器还未飞到，路径上的空气微团已受扰动而开始运动了，待其飞到时空气微团就很容易地让开了。而当飞行速度超过声速之后，即飞行速度超过受扰动空气的传播速度，路径上的空气微团在飞行器飞到跟前时来不及躲开，在飞到跟前时才被突然推开，这时的流动性就很差。当飞行速度到达高超声速时，空气就好似没有流动性，就像固体粒子那样向飞行器打来。

6. 标准大气

包围地球的空气层称为大气层。根据空气随高度上升其成分、温度、密度等物理性质变化的特征，由海平面向上可分为五层，即对流层、平流层、中间层、高温层和外大气层，但层与层之间的界面并不明晰。

从海平面起的最低一层大气称为对流层，就区域而言，在赤道上空对流层厚度为 16~18 km，中纬度及高纬度上空对流层厚度为 8~12 km，南北极区域为 8~9 km。就季节而言，对流层上边界在夏季时要高于冬季。这一层之所以叫对流层，是源于这一层紧贴地球表面，受地面的影响最大，位于地面附近的空气受热上升，而位于上面的冷空气则往下走，从而形成了空气在上下方向的流动。因对流层处于大气层最底层，其密度最大，所含空气质量约占整个大气层质量的 3/4，雷、雨、雾、云及风暴等气象变化都在这一层发生，在这一层里，气温随高度上升而下降，从海平面至 11 km 的高度范围，每升高 1 km 温度约下降 6.5℃。

在对流层之上至 32 km 达　范围的大气称为平流层，之所以将这一层叫平流层,源于这一层的气流流动比较平衡,主要以水平方向的运动为主。这一层的空气质量约占整个大气层的 1/4,从对流层到 20 km 范围的平流层里,气温不随高度改变而变化,温度保持在 218.65 K,在 20～32 km 范围的平流层里,气温随高度增加而有所上升,在这一层里已经没有气象变化了。

高度 32～80 km 称为中间层,在这一层里的空气质量仅占整个大气层质量的 1/3 000,在这一层里几乎没有臭氧。该层的气温变化是先随高度上升而上升,在 53 km 处达到 282.66 K 之后,随高度增加而下降,在 80 km 处降至 196.86 K。该层大气还有一个特点,其下层部分气温高于上层部分,和对流层一样,这一层也存在气流的上下对流运动现象。

从中间大气层向上至 400 km 称为高温层,也称为电离层。这一层空气密度很微小,只有海平面的百亿分之一,且声波难以传播。该层里的气温随高度上升而增高,至 400 km 处,温度可达 1 500～1 600 K,气温之所以这么高,是因为直接受到太阳短波辐射。

400～1 600 km 称为外大气层,又叫散逸层,它是大气层的最高一层。在这一层里,由于受地球场的约束非常微弱,一些空气分子有机会逸入太空而不与其他分子碰撞,这一层里的空气质量仅仅只占全部大气层质量的 $1/10^{11}$。目前,散逸层的上边界还没有一个确定的说法,有的说为 2 000～3 000 km。

实际上地球的大气层是一个动力变化系统,时常处于流动变化的状态,大气的参数变化,如大气压力、温度取决于高度、经度、纬度及季节,在进行飞行器的设计和性能计算时,把大气层变化的所有因素都考虑进去是不可能的,也是不切合实际的。因此,为了飞行器设计及试验便于计算、整理和比较试验数据及给出标准的飞行器性能数据,按照合理的规则制定了标准大气的规定。其规定了一种符合理想气体状态方程和静力方程,且大气压力、密度及温度等大气参数随高度的变化分布大致能代表一定纬度范围内全年平均的模式大气。目前所用的标准大气是美国 1962 年提出的,它是根据实测的大气数据,以简化方式近似表示大气压力、密度及温度等参数随高度的变化情况,基本上是以北半球中纬度地区大气物理属性的平均值作为参考依据而作出的规定,具体如下。

（1）规定在海平面大气物理属性:大气温度为 15℃ 或 288.15 K,压强为 101 325 Pa,密度为 1.225 00 kg/m³,黏性系数 μ 为 $1.824\ 7\times10^{-6}$（kg·s）/m²,运动黏性系数为 $1.460\ 7\times10^{-5}$ m²/s,声速为 340.294 m/s。

（2）大气温度 T 随高度 H 的变化关系为

$$T = \begin{cases} 288.15 - 0.006\,5H & (0 \leqslant H \leqslant 11\,000) \\ 216.65 & (11\,000 < H \leqslant 20\,000) \\ 216.65 + 0.001(H - 20\,000) & (20\,000 < H \leqslant 32\,000) \\ 228.65 + 0.002\,8(H - 32\,000) & (32\,000 < H \leqslant 47\,000) \\ 270.65 & (47\,000 < H \leqslant 51\,000) \\ 270.65 - 0.002\,8(H - 51\,000) & (51\,000 < H \leqslant 71\,000) \end{cases} \tag{2.4}$$

式中,T 为温度,单位为 K;H 为高度,单位为 m。

（3）压强 p 随高度 H 变化的关系为

$$\frac{\mathrm{d}p}{\mathrm{d}H} = -\rho g \tag{2.5}$$

式中,ρ 为密度;g 为重力加速度,$g = 9.806\,65\ \mathrm{m/s^2}$。

（4）黏性系数随温度变化的关系为

$$\frac{\mu}{\mu_0} = \left(\frac{T}{T_0}\right)^{\frac{3}{2}} \left(\frac{T_0 + 110.4}{T + 110.4}\right) \tag{2.6}$$

（5）声速计算公式为

$$a = \sqrt{\gamma R T} \tag{2.7}$$

式中,γ 为比热比,对空气而言,$\gamma = 1.4$。

由上述规定得到的各高度的大气参数可列成表格,即标准大气表。标准大气给出了压力、温度和密度的平均值,它比较合理的表征了平均的大气条件,其最大的意义是为各国飞行器设计师们提供了一种基于同一标准条件的参考体系,由标准大气规定整理出来的标准大气表已成为航空航天事业中最重要的参考之一,它对飞行器性能计算及空气动力学研究非常重要。

2.1.2 空气动力学基本概念

1. 流场与流线

飞行器在静止大气中飞行通过的空间区域内的速度 V、压强 p、密度 ρ、温度 T 等参数一般都是空间坐标及时间的函数,且呈现某种分布态势,通常把这种分布称为流场。而速度、压强、密度、温度等参数也会发生有规律的变化。在风洞试验中,人造的均匀气流流过固定不动的飞行器模型,人造的均匀气流充满试验段的空间,也称为流场。描述流场的方法通常采用欧拉法,即流体属性可以以空间坐标(x, y, z)及时间t的函数来表达。通过考察流动空间中的各点在不同时刻t的流动参数分布情况,以速度为例,选定坐标系后,速度V可分解为三个速度分量:v_x、v_y、v_z,且可随时间而变,则速度可表示为

$$v_x = v_x(x, y, z, t)$$
$$v_y = v_y(x, y, z, t)$$
$$v_z = v_z(x, y, z, t)$$

(2.8)

上式就是欧拉法描述的速度场,在低速流动中除流速外还有压强的变化,即有一个压强场,在高速流动中,除流速、压强外,还有密度、温度也随流动而变,即还有密度场、温度场,所有这些场统称为流场,图 2.1 所示就是一个速度场。对空中飞行器飞行而言,因其运动对流场扰动,导致流场中的流速、压强等参数呈现一定的分布规律,在风洞试验中,则是在人造均匀气流中安放了模型,模型对气流产生扰动所致,例如,在试验段里安装一个翼型模型(图 2.2),在没有翼型模型时,流场中气流的流向与大小到处都一样,但在均匀流场中有了翼型模型后,模型的存在强迫气流在翼型的前缘分成两路,分别绕翼型的上下流过,这两路气流走的不再是直线,而且上下的流向也不同,不仅流速方向改变了,速度大小也改变了,翼型上有的部位上速度增大,有的部位速度减小,这就形成了流速作某种分布的流场,压强也将

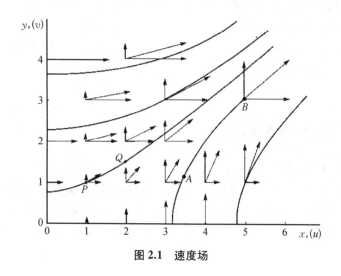

图 2.1 速度场

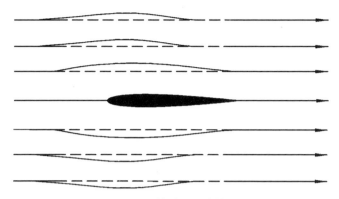

图 2.2　物体对流场的扰动

随着速度增减而升或降,即压强也存在某种分布的流场。

为研究方便起见,空气动力学者希望用一些曲线来表征流场的流动情况,用欧拉法描述流场时,在流场上每一点都有速度(图 2.2)。那么,在某一瞬间从流场的某一点出发,顺着这一点的速度方向画一微小距离到邻点,再在该邻点上同前一点一样画一微小距离到下一个邻点,如此重复即可画出一条曲线,这样画出的曲线,其上任一点的切线的方向都是沿当地速度向量的方向,即在流场中每一点上都与速度矢量相切的曲线,这样的曲线称为流线,可以说,流线是同一时刻流体中不同质点所组成的曲线,它给出了该时刻流体中不同质点的速度方向。根据流线的性质,可由以下关系式来确定流线:

$$\frac{\mathrm{d}x}{v_x(x,\ y,\ z,\ t)} = \frac{\mathrm{d}y}{v_y(x,\ y,\ z,\ t)} = \frac{\mathrm{d}z}{v_z(x,\ y,\ z,\ t)} \tag{2.9}$$

可以通过上系式得到整个流场中的流线谱。在定常流中流线形状不随时间变化,非定常流时流线形状则随时间而变。风洞试验中通过流动显示技术可直观获得流场的图谱。流体质点在空间运动时所描绘出来的曲线称为迹线,它给出的是流体中同一质点在不同时刻的速度方向,因此有以下关系式来确定迹线:

$$\frac{\mathrm{d}x}{v_x(x,\ y,\ z,\ t)} = \mathrm{d}t$$

$$\frac{\mathrm{d}y}{v_y(x,\ y,\ z,\ t)} = \mathrm{d}t \tag{2.10}$$

$$\frac{\mathrm{d}z}{v_z(x,\ y,\ z,\ t)} = \mathrm{d}t$$

流线和迹线是两种具有不同内容与意义的曲线,二者在非定常流动情况下是不重合的,只有在定常流动时二者才形式上重合一起。

2. 声速

在任何气体中,任何一个弱小的扰动都会向四面八方传播开去,随着传播距离增加这种扰动会衰减,但其传播的速度不会因距离的改变而变,其值大小取决于介质的物理属性,在空气动力学研究中把这种扰动的传播速度称为声速。根据质量守恒定律和动量可推导出声速 a 的表达式为

$$a = \sqrt{\frac{\mathrm{d}p}{\mathrm{d}\rho}} = \sqrt{\gamma RT} \tag{2.11}$$

3. 不可压缩流动与可压缩流动

研究飞行器的空气动力特性,按飞行速度范围通常可划分为低速空气动力学和高速空气动力学。按密度变化来分,则有不可压缩流动和可压缩流动,所谓不可压缩流动是指在流体运动时密度 ρ 不发生变化的流动,反之,密度 ρ 发生变化的流体流动则称为可压缩流动。实际上,在空气动力学研究中,没有真正意义上的不可压缩流动存在,按流体运动速度与密度的关系来看,只要流体有运动速度,流体的密度就必然会发生变化。然而,就像无黏流假设那样,在许多空气动力学问题研究中都可引入不可压缩流动模型,由此所得到的研究结论准确性并不会受到影响。在空气动力学研究中,气体密度变化是否可忽略,可根据气体流动的马赫数来确定。通常,当飞行器飞行速度低于马赫数 0.30 时,就可忽略气流的气体密度变化,把此时的流动看成不可压缩流动。当飞行速度超过马赫数0.30 时,在研究中就必须考虑气体的密度变化,即把流动作为可压缩流动来处理。

4. 激波

在低速或亚声速流动中,因其所产生的扰动传遍全流场,即飞行器尚未到之处,气体微团感受到了扰动,离飞行器越近的气体微团受到的扰动会更大,气体微团流过飞行器后,仍将回到原来未受扰动的位置。而在马赫数超过 1.0 时的超声速流动中,最大的特点是飞行物体的运动速度超过了声速,运动物体前方的气体微团还未来得及受到扰动,物体就将穿越一个个气体微团,此时气体微团还没有预先的准备运动而受到挤压形成扰

动,即会在受扰动的区域与未受扰动区域之间形成一道界限,该界限称为
波。扰动比较弱时,波有两种类型,一类是膨胀波,气流经过该种波后,流
速增大,压强、密度和温度将降低;另一类是压缩波,气流经过压缩波后,流
速降低,压强、密度和温度增高。在超声速气流中形成的扰动比较强时,被
压缩的气体压强将有突跃的升高,其与未受扰动的气体之间将形成一个明
显的分界面,通常将该界面称为激波。激波分为正激波和斜激波,正激波指
激波面与气流流动方向垂直相交,超声速气流经过正激波后,速度突跃变为
亚声速气流,且流速方向不变。斜激波则指激波面与气流流动方向非垂直
相交。与正激波相比,气流经过斜激波后,气流参数变化较小,斜激波比正
激波弱,飞行物体以超声速飞行时,其前体若为尖头形状将形成附体激波,
而若为钝体形状就会形成脱体激波,附体激波和脱体激波都属于斜激波,如
图 2.3 所示。

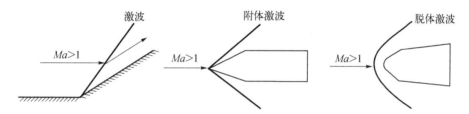

图 2.3　超声速气流流过不同物体时产生的激波

5. 空气动力系数与导数

空气动力是飞行器飞行时与周围空气作用产生的,获得或预测飞行器
的空气动力特性对于现代飞行器研制至关重要。飞行器在空中飞行时,若
以飞行器为参照物,所看到的是气流流过飞行器,这时飞行器表面将产生
压力分布,且气流在物面移动时因摩擦而产生摩擦力,这是产生空气动力
的两个基本来源。通过相似理论研究表明,空气动力系数只与飞行器的外
形、飞行姿态、马赫数及雷诺数等因素有关,因而将空气动力以无量纲的空
气动力系数来表示,可以减少影响因素的数量,更重要之处是可以利用外
形相似而尺度较小的飞行器缩比模型,通过风洞试验或飞行试验来获得模
型的空气动力系数,再通过修正即可预测真实飞行时全尺寸飞行器的空气
动力系数,得到真实飞行器的空气动力。因此,在空气动力学研究中,通常
以空气动力与 $\frac{1}{2}\rho V^2$ 或 $\frac{1}{2}\rho V^2 b$ 比值,即空气动力系数的形式来研究飞行器空

气动力特性,这是一个无量纲量,$\frac{1}{2}\rho V^2$ 是速压,空气动力由三个力和三个力矩构成,以系数来命名,分别称为升力系数 C_L、阻力系数 C_D 和侧力系数 C_Z,以及俯仰力矩系数 C_m、偏航力矩系数 C_n 和滚转力矩系数 C_l,空气动力系数公式如下:

$$C_L = \frac{L}{\frac{1}{2}\rho V^2 S} \quad C_D = \frac{D}{\frac{1}{2}\rho V^2 S} \quad C_Z = \frac{Z}{\frac{1}{2}\rho V^2 S}$$

$$C_m = \frac{M_z}{\frac{1}{2}\rho V^2 Sb} \quad C_n = \frac{M_n}{\frac{1}{2}\rho V^2 Sb} \quad C_l = \frac{M_l}{\frac{1}{2}\rho V^2 Sb}$$

(2.12)

式中,L 为升力;D 为阻力;Z 为侧力;M_z 为俯仰力矩;M_n 为偏航力矩;M_l 为滚转力矩;ρ 为飞行高度上的空气密度;V 为飞行速度;S 为飞行器的参考面积(对飞机类飞行器,常取其机翼平面面积,对导弹类飞行器常取其弹身最大横截面面积);b 为飞行器的特征长度(对飞机类的纵向取平均气动弦长,对其横向则取机翼翼展,对导弹类,通常取全弹长为参考长度)。

在空气动力学研究中,为解决飞行器的稳定性、操纵性和颤振问题,不仅需要用无量纲的空气动力系数,也需要用到系数对某些参数(如姿态角、姿态角速度等)的导数,这就是气动导数。通常将气动导数分为静导数和动导数,一般可通过数值计算或工程估算方法求得,也可通过试验方法来获得。所谓气动静导数指的是空气动力系数对迎角、侧滑角、滚转角、操纵面角度的导数,它是研究飞行器静稳定性及操纵性的重要数据。动导数是指空气动力系数对某些参数随时间变化率的导数,常用的动导数是洗流时差导数和旋转导数,这些动导数是与下洗及侧洗时差、旋转角速度相关联的气动力矩系数的导数,如 $C_m^{\dot{\alpha}}$、$C_n^{\dot{\beta}}$、$C_l^{\dot{\beta}}$ 等动导数常称为洗流时差导数,$C_m^{\omega_z}$、$C_l^{\omega_x}$、$C_n^{\omega_y}$ 等动导数常称为阻尼导数。除此之外,动导数还包括与角加速度相关的惯性导数,以及与旋转飞行器相关的马格努斯系数等。可以说,动导数数目繁多,它是进行飞行器稳定性、操纵性和颤振研究的重要数据。还有一类导数是交叉导数,其定义是:飞行器绕某一轴转动时引起该轴系其他轴产生力矩,此气动力矩系数对转动角速度的导数,如 $C_n^{\omega_z}$ 表示飞行器绕 Oz 以 ω_z 角速度旋转引起的绕 Oy 轴的力矩系数导数。

6. 飞行器空气动力特性

在飞行器研制确定总体方案中,首先,必须预测和研究飞行器的空气动力特性,获得飞行器设计需要的准确的空气动力特性。为便于对飞行器性能与运动规律进行分析,通常把空气动力分成升力、阻力、侧向力、俯仰力矩、偏航力矩和滚转力矩。升力是飞行器上的空气动力在飞行器纵向对称平面垂直于飞行速度飞行的分力,机翼是产生升力的主要部件。阻力是平行于来流方向的分力,飞行器的动力必须克服这个力才能飞行,即它是阻碍飞行的,故称为阻力。根据形成阻力的机理,可将阻力分为摩擦阻力和压差阻力。摩擦阻力是因有黏性的气流与飞行器表面摩擦而产生的力。压差阻力中,由涡系引起升力倾斜而形成的阻力称为诱导阻力,由空气黏性间接作用而形成的力称为黏性压差阻力,由激波产生后所引起的阻力称为激波阻力或波阻。阻力还可按有无升力来分为零升阻力和升致阻力,有时在广义上把升致阻力成为诱导阻力。型阻是型阻力的简称,在亚声速时型阻是摩擦阻力与黏性压差阻力之和,在超声速时型阻是摩擦阻力、黏性压差阻力与零升波阻之和。升力与阻力之比值是衡量飞行器巡航性能优劣的一个重要参数,这一比值称为升阻比,升阻比值越大表明飞机巡航性能越好。

飞行器上各部件的力使其作俯仰、偏航和滚转等运动的转动力矩分别称为俯仰力矩、偏航力矩和滚转力矩。对飞机而言,水平尾翼(平尾)与升降舵是产生俯仰力矩的主要部件,机翼上的副翼是产生滚转力矩的主要部件,垂直尾翼(立尾)及方向舵是产生偏航力矩的主要部件,此外,飞机侧滑则是产生偏航力矩的主要因素。

2.1.3　空气动力学基本关系式

要研究飞行器飞行时作用在其上的空气动力特性,就得清楚飞行器周围气流流动的情况,即要清楚流场上各处的流速、压强、密度和温度等参数的变化特性。在流场中,这些参数之间相互关联、相互影响,表征他们之间关联、影响的关系实际上就是空气动力学中的基本规律,在流场上流速、压强等的分布规律还和扰动气体的具体物体外形及其运动有关,这就是我们通常说的初始条件和边界条件。下面介绍根据空气动力基本参数所遵循的基本物理定律得出的空气动力学研究中常用的一些基本关系式。

1. 伯努利方程

由质量守恒定律和牛顿第二定律可推导出伯努利方程:

$$\frac{\rho}{2}v^2 + p + \rho gy = C \tag{2.13}$$

式中，y 为直角坐标系中的竖向坐标；C 为常数，若是流动是无旋流，则全流场常数 C 的值均同，如流动是有旋流，则常数 C 只能在一条流线上有效，流线改变，C 值也将随之改变；ρgy 这项是彻体力的势，对于气体而言，若 y 向尺寸不太大，则该项一般可忽略不计，因而气体的伯努利方程可写为

$$\frac{\rho}{2}v^2 + p = C \tag{2.14}$$

从上式可见，其实际上表达了无黏性气体作定常运动时总能量沿流线是守恒的。p 为静压，$\frac{1}{2}\rho V^2$ 为动压，则 C 就为总压，改记为 p_0 则有

$$\frac{\rho}{2}v^2 + p = p_0 \tag{2.15}$$

2. 等熵时理想气体中基本参数之间的关系

由能量方程可以推导出理想气体一维等熵流中空气动力学基本参数之间的关系为

$$
\begin{aligned}
\frac{p_0}{p} &= \left(1 + \frac{\gamma-1}{2}Ma^2\right)^{\frac{\gamma}{\gamma-1}} \\[2mm]
\frac{\rho_0}{\rho} &= \left(1 + \frac{\gamma-1}{2}Ma^2\right)^{\frac{1}{\gamma-1}} \\[2mm]
\frac{1}{2}\rho v^2 &= \frac{1}{2}\gamma p\, Ma^2 \\[2mm]
\frac{T_0}{T} &= 1 + \frac{\gamma-1}{2}Ma^2 \\[2mm]
\frac{A}{A^*} &= \frac{1}{Ma}\left[\frac{2}{\gamma-1}\left(1 + \frac{\gamma-1}{2}Ma^2\right)\right]^{\frac{\gamma+1}{2(\gamma-1)}}
\end{aligned}
\tag{2.16}
$$

式中，T_0、p_0、ρ_0 是气流在作等熵时速度完全等于零时的温度、压强、密度，通常称为总温、总压、总密度；A 为流管截面积；A^* 为流管临界截面积。

3. 正激波前后基本参数之间的关系

超声速气流通过正激波后，流速必然变为亚声速气流，激波前后的基本

参数也将发生变化,这种变化受连续性方程、动量方程、能量方程及状态方程等基本方程的支配,由此可推导出激波前后基本参数之间的关系。对于正激波前后基本参数之间有以下关系式:

$$\frac{T_2}{T_1} = \frac{(\gamma - 1) Ma_1^2 + 2}{(\gamma + 1) Ma_1^2}\left(\frac{2\gamma}{\gamma + 1} Ma_1^2 - \frac{\gamma - 1}{\gamma + 1}\right)$$

$$\frac{p_2}{p_1} = \frac{2\gamma}{\gamma + 1} Ma_1^2 - \frac{\gamma - 1}{\gamma + 1}$$

$$\frac{\rho_2}{\rho_1} = \frac{(\gamma + 1) Ma_1^2}{(\gamma - 1) Ma_1^2 + 2} \tag{2.17}$$

$$Ma_2^2 = \frac{1 + \frac{\gamma - 1}{2} Ma_1^2}{\gamma Ma_1^2 - \frac{\gamma - 1}{2}}$$

$$\frac{p_{02}}{p_{01}} = \left(\frac{2\gamma}{\gamma + 1} Ma_1^2 - \frac{\gamma - 1}{\gamma + 1}\right)^{-\frac{1}{\gamma - 1}}\left[\frac{(\gamma + 1) Ma_1^2}{(\gamma - 1) Ma_1^2 + 2}\right]^{\frac{\gamma}{\gamma - 1}}$$

式中,下标 1 为正激波前的参数;下标 2 表示波后的参数;下标 0 表示总压。

4. 斜激波前后基本参数之间的关系

超声速气流经过斜激波,其物理性质和正激波完全相同,只是比正激波要弱(相同 Ma_1)其特点是速度的切向分量在激波前后相同,而法向分量在激波前为超声速,激波之后降为亚声速。此外,斜激波与正激波不同的是多了一个斜角,其基本参数的解析关系比正激波更复杂,斜激波前后基本参数之间有以下关系式:

$$\frac{T_2}{T_1} = \left(\frac{\gamma - 1}{\gamma + 1}\right)^2 \left(\frac{2\gamma}{\gamma - 1} Ma_1^2 \sin^2\beta - 1\right)\left[\frac{2}{\gamma - 1}\frac{1}{Ma_1^2 \sin^2\beta} + 1\right]$$

$$\frac{p_2}{p_1} = \frac{2k}{k + 1} Ma_1^2 \sin^2\beta - \frac{k - 1}{k + 1}$$

$$Ma_2^2 = \frac{Ma_1^2 + \frac{2}{\gamma - 1}}{\frac{2\gamma}{\gamma - 1} Ma_1^2 \sin^2\beta - 1} + \frac{\frac{2}{\gamma - 1} Ma_1^2 \cos^2\beta}{Ma_1^2 \sin^2\beta - \frac{2}{\gamma - 1}}$$

$$\frac{p_{02}}{p_{01}} = \left(\frac{2}{\gamma + 1} Ma_1^2 \sin^2\beta - \frac{\gamma - 1}{\gamma + 1} \right)^{-\frac{1}{\gamma - 1}} \left[\frac{(\gamma + 1) Ma_1^2 \sin^2\beta}{(\gamma - 1) Ma_1^2 \sin^2\beta + 2} \right]^{\frac{\gamma}{\gamma - 1}}$$

$$\tan\delta = \frac{Ma_1^2 \sin^2\beta - 1}{Ma_1^2 \left(\dfrac{\gamma + 1}{2} - \sin^2\beta \right)}$$

$$(2.18)$$

式中，β 为波阵面与来流指向之间的夹角；δ 为气流折角。

2.1.4 空气动力学基本方程

空气动力学基础理论中，质量方程、动量方程、能量方程及状态方程等空气动力学基本方程是研究空气运动基本规律的数学表达式。下面介绍的是基本方程的表达式，其中状态方程见式（2.1）和式（2.2），本书不给出公式的具体推导过程，读者需要掌握这方面的详情可见空气动力学相关专著。

1. 质量方程

质量方程是质量守恒定律在空气动力学中的具体表现形式，又称连续方程，是空气动力学基本方程之一。质量方程在直角坐标系中的微分表达形式：

$$\frac{\delta\rho}{\delta t} + \left[\frac{\delta(\rho v_x)}{\delta x} + \frac{\delta(\rho v_y)}{\delta y} + \frac{\delta(\rho v_z)}{\delta z} \right] = 0 \qquad (2.19)$$

或为

$$\frac{\mathrm{D}\rho}{\mathrm{D}t} + \rho \left(\frac{\delta v_x}{\delta x} + \frac{\delta v_y}{\delta y} + \frac{\delta v_z}{\delta z} \right) = 0 \qquad (2.20)$$

式中，v_x、v_y、v_z 是气流速度 V 在直角坐标三个轴上的投影；$\dfrac{\mathrm{D}}{\mathrm{D}t}$ 为实体导数，有

$$V = v_x \boldsymbol{i} + v_y \boldsymbol{j} + v_z \boldsymbol{k}$$

$$\frac{\mathrm{D}}{\mathrm{D}t} = \frac{\delta}{\delta t} + v_x \frac{\delta}{\delta x} + v_y \frac{\delta}{\delta y} + v_z \frac{\delta}{\delta z}$$

质量方程的矢量表达式：

$$\frac{\delta \rho}{\delta t} + \nabla (\rho \boldsymbol{V}) = 0 \tag{2.21}$$

式中，∇ 为哈密尔顿算子，表示为

$$\nabla = \boldsymbol{i}\frac{\delta}{\delta x} + \boldsymbol{j}\frac{\delta}{\delta y} + \boldsymbol{k}\frac{\delta}{\delta z}$$

在流场中当流动产生不连续的物理现象，如有激波产生，则微分形式的质量方程不适用，需要用到如下积分的质量方程：

$$\int_{(\varepsilon)} \left[\frac{\delta \rho}{\delta t} + \frac{\delta(\rho v_x)}{\delta x} + \frac{\delta(\rho v_y)}{\delta y} + \frac{\delta(\rho v_z)}{\delta z} \right] \mathrm{d}\varepsilon = 0 \tag{2.22}$$

式中，ε 是流场内取一固定的空间曲面 S 作为控制面而在 S 内部的空间域。

2. 动量方程

动量方程是空气动力学基本方程之一，它是牛顿第二定律在运动流体上应用的表达式，也是动量守恒的表达式。不考虑黏性的动量方程又称为欧拉（Euler）方程，而考虑黏性流体运动的动量方程称为纳维尔-斯托克斯方程（N-S 方程），在直角坐标系下，Euler 方程为

$$\frac{\delta(\rho v_x)}{\delta t} + \frac{\delta(\rho v_x v_x)}{\delta x} + \frac{\delta(\rho v_x v_y)}{\delta y} + \frac{\delta(\rho v_x v_z)}{\delta z} = F_x - \frac{\delta p}{\delta x}$$

$$\frac{\delta(\rho v_y)}{\delta t} + \frac{\delta(\rho v_y v_x)}{\delta x} + \frac{\delta(\rho v_y v_y)}{\delta y} + \frac{\delta(\rho v_y v_z)}{\delta z} = F_y - \frac{\delta p}{\delta y} \tag{2.23}$$

$$\frac{\delta(\rho v_z)}{\delta t} + \frac{\delta(\rho v_z v_x)}{\delta x} + \frac{\delta(\rho v_z v_y)}{\delta y} + \frac{\delta(\rho v_z v_z)}{\delta z} = F_z - \frac{\delta p}{\delta z}$$

N-S 方程：

$$\frac{\delta \rho v_x}{\delta t} + \frac{\delta \rho v_x v_x}{\delta x} + \frac{\delta \rho v_x v_y}{\delta y} + \frac{\delta \rho v_x v_z}{\delta z}$$

$$= F_x - \frac{\delta p}{\delta x} + \frac{\delta}{\delta x}\left[\mu\left(2\frac{\delta v_x}{\delta x} - \frac{2}{3}(\nabla V)\right)\right] \tag{2.24}$$

$$+ \frac{\delta}{\delta y}\left[\mu\left(\frac{\delta v_x}{\delta y} + \frac{\delta v_y}{\delta x}\right)\right] + \frac{\delta}{\delta z}\left[\mu\left(\frac{\delta v_z}{\delta x} + \frac{\delta v_x}{\delta z}\right)\right]$$

$$\frac{\delta \rho v_y}{\delta t} + \frac{\delta \rho v_y v_x}{\delta x} + \frac{\delta \rho v_y v_y}{\delta y} + \frac{\delta \rho v_y v_z}{\delta z}$$

$$= F_y - \frac{\delta p}{\delta y} + \frac{\delta}{\delta y}\left[\mu\left(2\frac{\delta v_y}{\delta y} - \frac{2}{3}(\nabla V)\right)\right] \tag{2.25}$$

$$+ \frac{\delta}{\delta z}\left[\mu\left(\frac{\delta v_y}{\delta z} + \frac{\delta v_z}{\delta y}\right)\right] + \frac{\delta}{\delta x}\left[\mu\left(\frac{\delta v_x}{\delta y} + \frac{\delta v_y}{\delta x}\right)\right]$$

$$\frac{\delta \rho v_z}{\delta t} + \frac{\delta \rho v_z v_x}{\delta x} + \frac{\delta \rho v_z v_y}{\delta y} + \frac{\delta \rho v_z v_z}{\delta z}$$

$$= F_z - \frac{\delta p}{\delta z} + \frac{\delta}{\delta z}\left[\mu\left(2\frac{\delta v_z}{\delta z} - \frac{2}{3}(\nabla V)\right)\right] \tag{2.26}$$

$$+ \frac{\delta}{\delta x}\left[\mu\left(\frac{\delta v_z}{\delta x} + \frac{\delta v_x}{\delta z}\right)\right] + \frac{\delta}{\delta y}\left[\mu\left(\frac{\delta v_y}{\delta z} + \frac{\delta v_z}{\delta y}\right)\right]$$

就上述 Euler 方程、N-S 方程的物理意义来看,它规定了气流的压强、速度变化以及与彻体力之间的关系。从中可见,速度和彻体力存在是引起压强变化的原因,且引起压强变化的这两个因素是彼此独立的,也即速度、彻体力对于压强的作用可以各自单独计算,气流加速将产生负的压力梯度,即气流加速对应压强下降,反之,气流降速对应压强升高。在流场中,没有速度的地方必然没有压强变化。N-S 方程是流体力学中最早、最基本和最重要的方程组,从某种意义上完全可以说,所有的空气动力学理论研究都是围绕该方程展开的,直到今天,空气动力学家仍在围绕这个方程开展数值模拟研究。

3. 能量方程

能量方程是能量守恒与转化原理在空气动力学中的表达式,是空气动力学基本方程之一。机械运动能量守恒原理的关系式可由动量方程推导出,如伯努利方程,对热运动能量守恒原理的关系式,可由热力学第一定律的公式来表达。对于总能量守恒原理的关系式则为前述二者的结合。能量方程的表达有多种形式,下面仅给出涉及内能的一种表达形式:

$$\rho\frac{De}{Dt} = \rho\left(\frac{\delta e}{\delta t} + v_x\frac{\delta e}{\delta x} + v_y\frac{\delta e}{\delta y} + v_z\frac{\delta e}{\delta z}\right)$$

$$= \left[\frac{\delta}{\delta x}\left(k\frac{\delta T}{\delta x}\right) + \frac{\delta}{\delta y}\left(k\frac{\delta T}{\delta y}\right) + \frac{\delta}{\delta z}\left(k\frac{\delta T}{\delta z}\right)\right] \tag{2.27}$$

$$- p\left(\frac{\delta v_x}{\delta x} + \frac{\delta v_y}{\delta y} + \frac{\delta v_z}{\delta z}\right) + \mu\Phi$$

式中,k 是热传导率;μ 是黏性系数;e 是单位质量内能;$\varPhi$ 是耗散函数,其表达式为

$$\varPhi = 2\left[\left(\frac{\delta v_x}{\delta x}\right)^2 + 2\left(\frac{\delta v_y}{\delta y}\right)^2 + \left(\frac{\delta v_z}{\delta z}\right)^2\right] + \left(\frac{\delta v_y}{\delta x} + \frac{\delta v_x}{\delta y}\right)^2 + \left(\frac{\delta v_z}{\delta y} + \frac{\delta v_y}{\delta z}\right)^2$$

$$+ \left(\frac{\delta v_x}{\delta z} + \frac{\delta v_z}{\delta x}\right)^2 - \frac{2}{3}\left(\frac{\delta v_x}{\delta x} + \frac{\delta v_y}{\delta y} + \frac{\delta v_z}{\delta z}\right)^2$$

$$\tag{2.28}$$

2.2 坐标轴系

2.2.1 风洞试验常用坐标轴系

在国家标准 GB/T16638.2—1996 中给出的与空气动力学及飞行力学研究相关的坐标轴系有八种,这些坐标轴系是机体坐标轴系、半机体坐标轴系、风洞坐标轴系、气流坐标轴系、稳定性坐标轴系、计算坐标轴系、铅垂地面固定坐标轴系及飞行器牵连铅垂地面坐标轴系等。在高速风洞试验中,常用的坐标轴系主要有两种:一种是机体坐标轴系(简称体轴系);另一种是气流坐标轴系(简称风轴系)。本节主要介绍这两种坐标轴系。在目前高速风洞试验中,对空气动力方向的规定,通常采用右手定则,即坐标系为右手坐标系。但在飞机外挂物测力试验中,为便于对左、右两侧外挂物气动特性的比较,通常是左侧采用左手坐标系,右侧仍采用右手坐标系。目前,采用的坐标轴系有两套:一套与美国、英国等国家采用的相同,国家标准 GB/T16638.2—1996 也采用此规定;另一套是苏联采用的坐标轴系,这套坐标轴系相对美英所采用的坐标系,在表达空气动力的符号上更为直观[50]。目前,国内外仍流行着使用两套坐标系的规定方法。本书仅介绍与风洞试验相关的,且在国家标准 GB/T16638.2—1996 中规定的坐标轴系。由于俄式坐标系与其配套相应的气动力、力矩的符号较为直观,本书采用俄式坐标系。

2.2.2 机体坐标轴系 $Ox_by_bz_b$

机体坐标轴系:规定原点 O 位于飞行器的质心,对于风洞试验模型,通常将坐标轴系的原点 O 置于其力矩参考点上;纵轴 x_b 与机身轴线或翼

根弦线平行,指向前方;横轴 y_b 垂直于 x_b 轴,在飞行器纵向对称面内指向上方;竖轴 z_b 及其指向由右手规则确定。该坐标轴系简称体轴系,如图 2.4 所示。

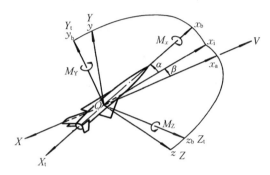

图 2.4　机体坐标轴系示意图

按照国家标准 GB/T16638.4—1996 的规定,在该坐标轴系中空气动力各分量及其系数表示如下:

(1) 轴向力 X_t,沿 Ox_b 轴的空气动力分量,以轴正方向为正,系数为 C_{x_t};

(2) 法向力 Y_t,沿 Oy_b 轴的空气动力分量,以轴正方向为正,系数为 C_{y_t};

(3) 横向力 Z_t,沿 Oz_b 轴的空气动力分量,以轴正方向为正,系数为 C_{z_t};

(4) 俯仰力矩 M_{z_t},空气动力合力矩绕 Oz_b 轴的力矩分量,系数为 m_{z_t};

(5) 偏航力矩 M_{y_t},空气动力合力矩绕 Oy_b 轴的力矩分量,系数为 m_{y_t};

(6) 滚转力矩 M_{x_t},空气动力合力矩绕 Ox_b 轴的力矩分量,系数为 m_{x_t}。

2.2.3　气流坐标系 $Ox_a y_a z_a$

气流坐标系是由飞行器飞行速度矢量决定的坐标轴系,对于风洞试验模型,通常将坐标轴系的原点 O 置于其力矩参考点上,轴 Ox_a 沿飞行速度矢量方向,即指向前方;轴 Oy_a 垂直于 Ox_a 轴,在飞行器纵向对称面内指向上方;轴 Oz_a 及其指向由右手规则确定。该坐标轴系简称风轴系。在风轴系中空气动力各分量及其系数表示如下:

(1) 升力 Y,沿 Oy_a 轴的空气动力分量,以轴正方向为正,系数为 C_y;

(2) 阻力 X,沿 Ox_a 轴的空气动力分量,以轴负方向为正,系数为 C_x;

(3) 侧力 Z,沿 Oz_a 轴的空气动力分量,以轴正方向为正,系数为 C_z;

(4) 俯仰力矩 M_z,空气动力合力矩绕 Oz_a 轴的力矩分量,系数为 m_z;

（5）偏航力矩 M_y，空气动力合力矩绕 Oy_a 轴的力矩分量，系数为 m_y；

（6）滚转力矩 M_x，空气动力合力矩绕 Ox_a 轴的力矩分量，系数为 m_x。

2.2.4 半机体坐标轴系 $Ox_i y_i z_i$

半机体坐标轴系是介于风轴系及体轴系之间的坐标轴系，对于风洞试验模型，通常将坐标轴系的原点 O 置于其力矩参考点上，轴 Ox_i 沿飞行速度矢量在飞行器纵对称面的投影，指向前方；轴 Oy_i 垂直于 Ox_i 轴，在飞行器纵向对称面内指向上方；轴 Oz_i 及其指向由右手规则确定。在半机体坐标系中空气动力各分量及其系数表示如下：

（1）升力 Y_i，沿 Oy_i 轴的空气动力分量，以轴正方向为正，系数为 C_{y_i}；

（2）阻力 X_i，沿 Ox_i 轴的空气动力分量，以轴负方向为正，系数为 C_{x_i}；

（3）横向力 Z_i，沿 Oz_i 轴的空气动力分量，以轴正方向为正，系数为 C_{z_i}；

（4）俯仰力矩 M_{z_i}，空气动力合力矩绕 Oz_i 轴的力矩分量，系数为 m_{z_i}；

（5）偏航力矩 M_{y_i}，空气动力合力矩绕 Oy_i 轴的力矩分量，系数为 m_{y_i}；

（6）滚转力矩 M_{x_i}，空气动力合力矩绕 Ox_i 轴的力矩分量，系数为 m_{x_i}。

2.2.5 风洞坐标轴系 $Ox_w y_w z_w$

在风洞试验中使用的坐标轴系，其原点位于风洞试验段纵轴上的某点，Ox_w 轴沿风洞试验段纵轴，逆气流方向；Oy_w 轴垂直于 Ox_w 轴，在风洞纵向对称面内（铅垂面内）指向上方；Oz_w 轴及其指向由右手规则确定。该坐标轴系不随模型的转动而转动。它与模型正装进行纵向试验时的风轴系是重合的。高速风洞试验中很少采用风洞坐标轴系，只在进行正、反装模型测平均气流偏角试验时，为简化数据处理会用到该坐标系。

2.2.6 天平坐标轴系 $Ox'y'z'$

在国家标准 GA/T16638.2—1996 中，未专门规定天平坐标轴系。高速风洞测力试验基本上都使用内式应变天平，天平一端与飞行器模型连接，另一端与支撑装置连接，一般情况下飞行器模型轴线与天平轴线重合或平行。因此，可选择体轴系作为天平的坐标轴系。目前，高速风洞测力试验所选用的天平有两种静校方法，一种是体轴校，另一种是地轴校。这两种静校方法的坐标轴系略有不同。

静校中一般将天平水平安装在校准台上,在铅垂方向加载法向力,在水平面内沿轴向加载轴向力,在水平面内沿横向加载横向力。天平受载后会因弹性变形而偏离原位置。为保证加载的各施力方向与体轴系始终一致,须对天平位置及姿态作调整,使天平始终处于未加载时的姿态。这种静校方法就是体轴校,也即体轴校时天平坐标轴系与体轴系重合或平行。而地轴校时,不对天平受载变形后的位置和方位进行调整,这种校准方法所采用的坐标轴系是天平未变形时的体轴系。在风洞试验中,天平随模型一起转动,这个坐标轴系也随之转动,不再是固连于地面的坐标轴系,但它仍然不随天平的变形而运动,它与天平变形后的体轴系之间的夹角为天平弹性变形角。由此可见,体轴校的坐标轴系与地轴校的坐标轴系之间相差的是弹性变形角。因此,可用相同的符号来表示这两种天平坐标轴系中的空气动力各分量及其系数:

(1) 升力 Y',沿 Oy' 轴的空气动力分量,系数为 C_y';

(2) 阻力 X',沿 Ox' 轴的空气动力分量,以轴负方向为正,系数为 C_x';

(3) 侧力 Z',沿 Oz' 轴的空气动力分量,系数为 C_z';

(4) 俯仰力矩 M_z',空气动力合力矩绕 Oz' 轴的力矩分量,系数为 m_z';

(5) 偏航力矩 M_y',空气动力合力矩绕 Oy' 轴的力矩分量,系数为 m_y';

(6) 滚转力矩 M_x',空气动力合力矩绕 Ox' 轴的力矩分量,系数为 m_x'。

2.2.7 坐标轴系转换

在风洞测力试验中,对试验数据的处理常会用到体轴系和风轴系,以及它们之间的转换。假设飞行速度在飞行器纵对称平面上的投影与机体纵轴 Ox_b 的夹角为 α(迎角,当飞行速度沿机体竖轴 Oz_b 的分量为正时,α 为正),并设飞行速度与飞行器纵对称面的夹角为 β(侧滑角,当飞行速度沿机体横轴 Oy_b 的分量为正时,β 为正),则二者之间的转换关系是

$$(\text{体轴系}) \xrightarrow{\alpha, \beta} (\text{风轴系})$$

$$\begin{bmatrix} x_a \\ y_a \\ z_a \end{bmatrix} = \begin{bmatrix} \cos\alpha\cos\beta & \sin\beta & \sin\alpha\cos\beta \\ -\cos\alpha\sin\beta & \cos\beta & \sin\alpha\sin\beta \\ -\sin\alpha & 0 & \cos\alpha \end{bmatrix} \begin{bmatrix} x_b \\ y_b \\ z_b \end{bmatrix} \tag{2.29}$$

由式(2.29),可将空气动力三个力系数从体轴系转换到风轴系:

$$C_x = C_{x_t} \cos\alpha\cos\beta + C_{y_t}\sin\alpha\cos\beta - C_{z_t}\sin\beta$$

$$C_y = -C_{x_t}\sin\alpha + C_{y_t}\cos\alpha \qquad\qquad (2.30)$$

$$C_z = C_{x_t}\cos\alpha\sin\beta + C_{y_t}\sin\alpha\sin\beta + C_{z_t}\cos\beta$$

在风洞试验中,一般不把体轴系空气动力的力矩转换到风轴系。

2.3　风洞试验原理

2.3.1　相似理论

将一种试验方法用于试验时,要选择模型的缩比(尺寸)、确定试验条件以及将模型试验结果转换为所模拟的全尺寸实物的结果等,也就是要研究模型试验需要满足什么条件才能做到与真实情况相似,并将试验结果转换到实物上去,这些问题的解决需要依赖相似理论,它是风洞试验原理的理论基础。相似理论有以下三个基本定理。

(1) 如果两个现象相似,则其相似准则相同。这个定理表明在试验中对相似准则所包含的参数都必须测量出来。

(2) 如果两个现象中的单值性条件(例如物体的几何参数、时间过程、气体介质参数等)相似,且从这些单值性条件得出的相似准则也相同,那么这两个现象就是相似的。该定理指出了如何保证两个现象相似以及试验结果的应用范围。

(3) Π 定理:某个物理现象涉及 m 个物理量,且其中包含有 n 个基本量纲,则可取这 n 个物理量中任意一个作为基本物理量,并推导出由这 n 个物理量组成的 $(m-n)$ 个无量纲参数之间的函数关系。该定理证明了一种现象中各参数之间的关系,可以化为一系列无量纲参数之间的相似准则关系。在风洞试验中,可以根据 Π 定理推导出需要满足的相似准则。

2.3.2　相对性原理

相对性原理是物理学的一个基本原理。该原理指出,对于两个做惯性运动的物体之间的相互作用,只取决于它们的相对运动速度,运用到空气动力学研究中,则可以认为,物体或飞行器在静止的空气中运动(飞行),其与空气的相互作用,与空气以相同速度流过静止的物体或飞行器是完全等同的。也可以这样理解,将参考系放在空气中运动的物体(飞行器)上,在物体(飞行器)上所看到的是原本处于静止的空气流过物体(飞行器),因此,在空气动力学研究中,就可以把问题转化为研究气流流过物体(飞行器)上的流动问题。

风洞试验之所以能模拟真实飞行器在大气中的运动,其中之一依据的就是相对性原理。飞行器在空中飞行,是它相对于静止空气而在运动。而在风洞试验中,则是空气相对于静止的模型而在运动。众所周知,风洞是一种人工产生和可控制的均匀气流,以模拟飞行器模型或物体周围气体的流动,并可量度气流对物体的作用以及观察物理现象的一种管道状试验设备。风洞试验种类很多,分常规试验、特种试验和非定常试验,它们都是将模型或实物固连于支撑系统上处于静止不动,只改变模型姿态,以人造均匀气流流过模型。飞行器在大气中的飞行,空气是静止的,因而也是均匀的,而风洞中人工造的气流要达到静止不动的空气那样的均匀程度是做不到的,但其均匀程度只要满足规范[85]的要求,就可以认为这一人工造而流过模型的气流与飞行器真实飞行时的均匀空气是等效的,虽然二者有差异,但风洞试验获得的试验数据可满足工程应用要求。若以模型为参考系,那么相对于气流而言,飞行器模型或实物相当于在飞行,这与真实飞行中大气静止、飞行器或物体运动相比较,在相互作用上这两种情况是完全等效的。

2.2.3　高速风洞试验相似准则

风洞试验除满足相对性原理外,还需要满足哪些具体的条件,才能做到飞行器模型的风洞试验与真实飞行情况相似?

真实飞行器,一般情况下不可能在尺度有限的风洞中进行全尺寸试验,通常采用缩比模型进行试验。根据相对性原理,无论是在风洞试验中还是飞行器在飞行中,都可以认为是空气气流流过飞行器,对于二者的流动要相似,首先对流动起扰动作用的物体形状必须做到几何相似,即二者的尺寸要成比例,也就是风洞试验的模型与要模拟的真实飞行器要满足几何相似准则,即要做到试验模型和真实飞行器之间对应尺寸成比例,且对应线段的方位相同。

在风洞试验中,除满足几何相似准则、人工造的气流品质要满足规范要求外,所采用的试验方法还必须满足运动相似、动力相似等相似准则,二者的绕流场及空气动力特性的变化规律才一致,也即风洞试验能够模拟或基本上模拟实物在大气中飞行的情况,这样风洞试验所获得的试验数据对于飞行器气动设计才是可靠及可信的。风洞试验还需要满足具体的相似准则,这些准则既可通过 Π 定理推导出来,也可以通过我们熟悉的 N－S 方程来推导。为了便于我们对风洞试验还需要满足具体的相似准则物理意义的理解,本书通过 N－S 方程来考察试验时绕模型的流动符合或满足哪些具体的条件,才能与绕真实飞行器时的流动是相似的。将模型试验情况标记为1,真实飞行运动情况标记为2,方程中的各项流动参数都分别以下标 1 和 2 来标示,则有

$$
\begin{aligned}
&x_2 = r_l x_1,\ y_2 = r_l y_1,\ z_2 = r_l z_1 \\
&t_2 = r t_1,\ \rho_2 = r_\rho \rho_1,\ v_2 = r_v v_1 \\
&p_2 = r_p p_1,\ \mu_2 = r_\mu \mu_1,\ f_{x_2} = r_f f_{x_1} \\
&\cdots\cdots
\end{aligned}
\tag{2.31}
$$

式中,r_l、r、r_ρ、r_v、r_p、r_μ、r_f 等表示比例常数。

先给出真实飞行情况时 x 向的运动方程:

$$
\frac{\delta v_{x_2}}{\delta t_2} + v_{x_2}\frac{\delta v_{x_2}}{\delta x_2} + v_{y_2}\frac{\delta v_{x_2}}{\delta y_2} + v_{z_2}\frac{\delta v_{x_2}}{\delta z_2}
$$

$$
= f_{x_2} - \frac{1}{\rho_2}\frac{\delta p_2}{\delta x_2} + \frac{1}{3}\frac{\mu_2}{\rho_2}\frac{\delta}{\delta x_2}\left(\frac{\delta v_{x_2}}{\delta x_2} + \frac{\delta v_{y_2}}{\delta y_2} + \frac{\delta v_{z_2}}{\delta z_2}\right)
\tag{2.32}
$$

$$
+ \frac{\mu_2}{\rho_2}\left(\frac{\delta^2 v_{x_2}}{\delta x_2^2} + \frac{\delta^2 v_{x_2}}{\delta y_2^2} + \frac{\delta^2 v_{x_2}}{\delta z_2^2}\right)
$$

将式(2.31)代入式(2.32)得到

$$
\left(\frac{r_v}{r}\right)\frac{\delta v_{x_1}}{\delta t_1} + \left(\frac{r_v^2}{r_l}\right)\left[v_{x_1}\frac{\delta v_{x_1}}{\delta x_1} + v_{y_1}\frac{\delta v_{x_1}}{\delta y_1} + v_{z_1}\frac{\delta v_{x_1}}{\delta z_1}\right]
$$

$$
= r_f f_{x_1} - \left(\frac{r_p}{r_\rho r_l}\right)\frac{1}{\rho_1}\frac{\delta p_1}{\delta x_1} + \frac{1}{3}\left(\frac{r_\mu r_v}{r_\rho r_l^2}\right)\frac{\mu_1}{\rho_1}\frac{\delta}{\delta x_1}\left(\frac{\delta v_{x_1}}{\delta x_1} + \frac{\delta v_{y_1}}{\delta y_1} + \frac{\delta v_{z_1}}{\delta z_1}\right)
\tag{2.33}
$$

$$
+ \left(\frac{r_\mu}{r_\rho}\frac{r_v}{r_l^2}\right)\frac{\mu_1}{\rho_1}\left(\frac{\delta^2 v_{x_1}}{\delta x_1^2} + \frac{\delta^2 v_{x_1}}{\delta y_1^2} + \frac{\delta^2 v_{x_1}}{\delta z_1^2}\right)
$$

从式(2.33)中可见,不同类型的项都有一个由各比例常数所构成的数,

若这些数都相等,式(2.33)就与式(2.32)完全相同,也即流场 2 的方程就变成了流场 1 的方程,无量纲的边界条件也相同,这样流场 1 与流场 2 的流动就是相似的了。因此,两种情况下流动要相似的具体条件是

$$\frac{r_v}{r} = \frac{r_v^2}{r_l} = r_f = \frac{r_p}{r_\rho r_l} = \frac{r_\mu r_v}{r_\rho r_l^2} \tag{2.34}$$

上式包含四个独立的等式关系,即有

$$\frac{v_2^2}{v_1^2} = \frac{p_2}{p_1}\frac{\rho_1}{\rho_2}, \text{即}\frac{v_2^2}{\dfrac{p_2}{\rho_2}} = \frac{v_1^2}{\dfrac{p_1}{\rho_1}}, \text{或}\frac{v_2^2}{k\left(\dfrac{p_2}{\rho_2}\right)} = \frac{v_1^2}{k\left(\dfrac{p_1}{\rho_1}\right)}, \text{即}\frac{v_2^2}{a_2^2} = \frac{v_1^2}{a_1^2} \tag{2.35}$$

$$\frac{v_2}{v_1} = \frac{\mu_2\rho_1 l_1}{\mu_1\rho_2 l_2}, \text{即}\frac{\rho_2 v_2 l_2}{\mu_2} = \frac{\rho_1 v_1 l_1}{\mu_1} \tag{2.36}$$

$$r_v = \frac{r_l}{r}, \text{即}\frac{v_2}{v_1} = \frac{l_2}{l_1}\frac{t_1}{t_2}, \text{或}\frac{v_2 t_2}{l_2} = \frac{v_1 t_1}{l_1} \tag{2.37}$$

$$\frac{v_2^2}{v_1^2}\frac{l_1}{l_2} = \frac{g_2}{g_1}, \text{即}\frac{v_2^2}{l_2 g_2} = \frac{v_1^2}{l_1 g_1} \tag{2.38}$$

上述四个关系式规定了四个相似参数,也就是相似准则,这些相似参数都是无量纲的数。从这些关系式中可得到在风洞试验中需要满足的相似准则。由上述关系式可获得以下相似准则。

(1)马赫数相似准则。由方程(2.35)规定的是马赫数相似准则。速度与声速的比值称为马赫数。该准则是说,两个流场的流动速度必须相等,两个流场才能相似,这是高速流动必须遵循的准则。

(2)雷诺数相似准则。由方程(2.36)所表示的关系得到的是雷诺数相似准则,雷诺数的定义是

$$Re = \frac{\rho v l}{\mu} \tag{2.39}$$

这是考虑黏性作用时的相似准则,可以说是风洞试验中需要满足的一个最为重要的相似准则。从雷诺数的定义来看,它的物理意义是惯性力与黏性力之比值,它所表征的是流体黏性对流动的影响,如果两个流场的雷诺数相等,即表示两个流场里对应点上微团所受的惯性力与黏性力之比值是相等的。实际上,在高速风洞试验的流场要都做到与真实飞行的流场的雷

诺数完全相似基本上很难做到。在常规风洞试验中,只能做到雷诺数相似。只有在大型低温高雷诺数高速风洞试验中,对战斗机模型、窄体客机模型等尺度不太大的飞机,其试验可做到真实飞行雷诺数值,但对类似波音 747 这类尺度的大型宽体客机模型试验还做不到真实飞行雷诺数的模拟。

（3）斯特劳哈尔数相似准则。由式（2.37）的关系有

$$Sr = \frac{l}{vt} = \frac{\dfrac{\rho v}{t}}{\dfrac{\rho v^2}{l}} = \frac{lf}{v} \tag{2.40}$$

式中,f 是运动频率;l 运动物体的特征长度;t 是运动周期;v 是速度。上式就是斯特劳哈尔数（Strouhal number）,是非定常试验需要满足的相似准则,它的物理意义是非定常惯性力 $\dfrac{\rho v}{t}$ 与定常惯性力 $\dfrac{\rho v^2}{l}$ 之比。

（4）佛劳德数相似准则。由式（2.38）有

$$Fr = \frac{v^2}{lg} \tag{2.41}$$

式（2.41）这一关系式叫佛劳德数（Froude number）,其物理意义是流体的惯性力与其重力之比,是水面船只运动需要遵循的相似准则。

在两个流动中,对应的所有几何量和物理量都成比例,则此两种流动就是相似的流动。在风洞试验中要做到完全满足流动相似条件是基本上是不可能的,要根据具体问题抓主要矛盾,一般只要保证起主导作用的一些因素满足相似准则就可以满足工程使用要求。在高速风洞试验中,不仅要考虑空气的压缩性影响,而且必须考虑黏性效应,也即试验时必须满足马赫数相等的相似准则和雷诺数相似准则。在低速风洞试验中,因速度低,可忽略空气的压缩性影响,只需要满足雷诺数这个相似准则。但是,目前无论是低速风洞试验,还是高速风洞试验,要准确满足雷诺数这个相似准则也是很难的,做试验用的模型尺寸一般都比实物小,要做到试验模型的雷诺数与真实飞行时的雷诺数相等,从式（2.39）可见,必须增大 ρ 或 v,或使 μ 减小。在低速风洞中,速度 v 受风洞动力限制,此外,v 过大时必须考虑空气压缩性,否则不满足相似准则要求。目前常温条件下的高速风洞试验中,雷诺数只能达到 100 万量级,与真实飞行雷诺数差一个量级。这就是说,现今的风洞试

验都只能做到部分相似。

　　由以上所述概括起来,高速风洞试验原理是:利用相对性原理,满足马赫数、雷诺数相似准则,将人造的均匀气流(品质满足规范要求)流过与实物几何相似的模型,并通过测试设备测量出模型受到的空气动力。

第3章 人椅系统风洞试验不确定度

3.1 概述

任何试验都存在误差,误差事关风洞试验数据质量及结果的可靠性,且试验数据质量是关系到现代先进飞行器空气动力设计成败的重要因素之一。风洞试验涉及的环节多,如试验模型的安装、试验装置安装与调试、测试仪器(如天平、传感器)性能标定、流场控制、数据采集与处理、数据分析等环节,这些环节均有可能产生误差,风洞试验数据中不可避免地包含了这些环节所产生的误差。因此,如何处理好试验误差是风洞试验中非常重要的一项工作。要最大限度地减小与风洞试验各环节产生误差的风险因素,除了优化试验模拟技术、拓宽试验模拟范围、提高试验测量的准确度外,最有效的手段之一就是对风洞试验数据质量进行定量评估,即评价试验模型试验结果的不确定度。

对风洞试验数据质量进行评估,传统的做法是依据国军标[51]采用传统的试验综合精度法,即对同一模型在相同试验条件下在不同时段、不同人员操作试验设备进行7次重复性试验,取其样本标准偏差作为试验的总精度。如果在重复性试验过程中,所有对总精度有贡献的误差源都已发生作用,而且没有引入人为误差和其他系统误差,取样本标准偏差可以反映出试验的总精度。但在试验的具体操作中难以保证达到这些要求,而且这种传统的评估方法要通过多次试验才能实现,且只能得到最终试验结果的总精度,不能对试验数据的准度进行定量评估,也不能对整个试验过程进行评估。

包括飞机高性能人椅系统在内的各类飞行器的研制与发展都迫切要求不断提高风洞试验测值准度,而评估测值准度的最好方法是研究其不确定度。测值的不确定度取决于误差源、误差传递过程和获取测值的过程。许多误差源与风洞试验中所用的仪器、设备有关。风洞试验环节多、技术复杂、要求高、数据量大,每个环节中的各种因素都会影响风洞试验数据的质量,即所得试验数据涉及的误差源很多。因此,要将风洞试验数据应用于设计,必须对风洞试验数据质量进行定量评估。风洞试验数据不确定度研究的目的就是通过对试验中影响各独立测量变量的主要误差源进行分析和估计,建立试验模型风洞试验数据不确定度分析方法和相应计算程序,以给出其风洞试验数据的不确定度,这对于在现代先进飞行器空气动力设计中如何使用风洞试验数据具有重要意义。

欧美一些发达国家对风洞试验数据质量的定量评估十分重视,其有关机构采纳并发展了国际标准化委员会(International Organization for Standardization, ISO)发布的最新不确定度估计方法,在风洞试验数据不确定度研究方面取得了显著进展,已开始将工程试验中的不确定度分析方法用于风洞试验中,并建立了相应的评估标准。航空航天研究与发展咨询小组(Advisory Group for Aerospace Research and Development, AGARD)于1994年发布了一个将国际标准化委员会发展和接受的不确定度标准应用于风洞试验中的文本[52]。过去,由于不确定度的估计很复杂,往往被人们所忽视,AGARD和美国航空航天学会(American Institute of Aeronautics and Astronautics, AIAA)发展的新的不确定度分析方法[52-53]大大简化了分析和计算过程,使得不确定度的估计更易理解和可行。

3.2　飞机人椅系统模型高速风洞试验数据不确定度分析方法

对试验数据质量进行评估是风洞试验全过程中的关键环节之一,定量分析一项风洞试验的不确定度将有助于说明试验数据质量,并有利于评价试验数据质量。本节根据飞机人椅系统风洞试验特点,应用国外在风洞试验数据质量评估方面的新方法、新技术[52-58],以及国内有关研究结果[59-61],建立飞机人椅系统模型高速风洞试验数据不确定度评估方法。

在风洞试验中,测量和误差是密不可分的。误差可分为随机误差(精度误差)和系统误差(偏离误差),衡量随机误差的大小用精度,衡量系统误差的大小用准度。因此,精确度是指一个量的试验测量值与其真值的吻合程度。一般情况下,某一被测量的真值无法知道,只能对其测量误差大小进行估计,将误差的估计值称为被测量的不确定度。对不确定度估计的可信程度一般用概率表示,称为置信度,在一般的工程问题中常用的置信度为 0.90、0.95 和 0.99,评估风洞试验结果的不确定度通常采用 95% 的置信度。取置信度为 95% 时,当样本自由度从 $v = 10$ 到 $v = \infty$,$t \approx 2$,其偏离值不超过 11%。自由度 $v \geqslant 10$ 的样本称为大样本,在一般工程应用中,通常假设误差呈正态分布且满足大样本假设。

作为误差的估计值,不确定度也有两个分量,随机误差估计值称为精度极限,用 P_r 表示;系统误差的估计值称为偏离极限,用 B_r 表示。试验结果的不确定度由试验结果的精度极限 P_r 和偏离极限 B_r 组成。试验结果的精度极限 P_r 是指如果在相同条件下用相同仪器多次重复试验,那么偏离真值的试验结果的平均值有 95% 的概率落在以某一结果为中心、$\pm P_r$ 宽的区间上。试验结果的偏离极限 B_r 是指,如果已知偏离误差的真值,那么该值有 95% 的概率落在 $(-B_r,\ B_r)$ 区间上。试验结果的不确定度 U_r 是指,试验结果的真值有 95% 的概率落在以试验结果为中心的 $\pm U_r$ 不确定度宽度的区间内。因此,定义 95% 置信度不确定度为

$$U_r = (B_r^2 + P_r^2)^{1/2} \tag{3.1}$$

对风洞试验数据进行不确定度分析并给出试验结果的不确定度,是对风洞试验数据质量进行评估的重要一步。

飞机人椅系统模型高速风洞试验是一种间接测量过程,所得的空气动力试验结果受诸多基本误差源的影响,而每个误差源直接影响若干直接被测变量,然后通过试验数据处理方程传递到最终试验结果中。假设一项有 n 个独立被测变量 x_1、x_2、$\cdots$、x_n 的复杂试验,每一独立被测变量的测量值均受到各种基本误差源的影响,被测变量 x_i 受这些基本误差源影响的偏离极限和精度极限分别为 B_{xi}、P_{xi},被测变量的这些误差源通过数据处理方程而形成试验结果 r 的偏离极限 B_r、精度极限 P_r 和不确定度 U_r。

飞机人椅系统模型的风洞试验数据处理方程一般可表示为

$$r = r(x_1,\ x_2,\ \cdots,\ x_n) \tag{3.2}$$

将上式用泰勒级数展开并忽略一阶以上高阶项推导可得出试验结果的不确定度表达式:

$$U_i^2 = B_i^2 + P_i^2 \tag{3.3}$$

$$B_r^2 = \sum_{i=1}^{n} \theta_i^2 B_{x_i}^2 + 2 \sum_{i=1}^{n-1} \sum_{k=i+1}^{n} \theta_i \theta_k \rho_{b_{ik}} B_{x_i} B_{x_k} \tag{3.4}$$

$$P_r^2 = \sum_{i=1}^{n} \theta_i^2 P_{x_i}^2 + 2 \sum_{i=1}^{n-1} \sum_{k=i+1}^{n} \theta_i \theta_k \rho_{S_{ik}} P_{x_i} P_{x_k} \tag{3.5}$$

式中，$\theta_i = \partial r / \partial x_i$、$\theta_k = \partial r / x_k$ 为灵敏度系数；$\rho_{b_{ik}}$、$\rho_{s_{ik}}$ 分别为被测变量 x_i、x_k 偏离极限和精度极限的相关系数。

为了简化式(3.4)和式(3.5)，在工程应用中常进行近似处理，一般在风洞试验中可认为各独立被测变量的精度极限彼此独立、互不相关，则 $\rho_{b_{ik}} = 0$；而对于大多数的独立被测变量其偏离极限也近似认为是互不相关的，则 $\rho_{s_{ik}} = 0$。

式(3.2)~式(3.5)中，x_i 是独立被测变量，设 x_i 有 M 个主要的基本偏离误差源，其偏离极限估计为：$(B_i)_1$、$(B_i)_2$、$\cdots$、$(B_i)_M$，则测量值 x_i 的偏离极限可由所有基本极限的和方根(RSS)求得

$$B_i = \left[\sum_{j=1}^{M} (B_i)_j^2 \right]^{\frac{1}{2}} \tag{3.6}$$

被测变量 x_i 的精度极限为

$$P_{x_i} = k\sigma_{x_i} \tag{3.7}$$

式中，k 为范围因子，当样本读数不小于 10 时可作大样本假设，按照 t 分布的 95% 置信度近似取 $k=2$，σ_{x_i} 为变量 x_i 的 N_i 个读数的样本标准偏差，定义为

$$\sigma_{x_i} = \left\{ \sum_{j=1}^{N_i} \frac{[(x_i)_j - \bar{x}_i]^2}{N_i - 1} \right\}^{\frac{1}{2}} \tag{3.8}$$

其中，

$$\bar{x}_i = \frac{1}{N_i} \sum_{j=1}^{N_i} (x_i)_j \tag{3.9}$$

3.3 飞机人椅系统模型风洞试验中的误差源和独立测量变量

飞机人椅系统模型风洞试验是一项复杂的间接测量过程，这个过程包括试验方案的制定、采用的试验技术、选用的仪器和有关设备、风洞的流场

品质、数据的处理等,整个过程所涉及的基本误差源很多。根据已有统计表明,风洞试验中典型的误差源有 57 种之多。飞机人椅系统模型风洞试验也是如此,误差主要来源于以下几个方面:

（1）试验技术误差:试验装置、模型缩比选定、天平的选择、模型与天平安装、支撑系统、气流偏离的修正的误差;

（2）模型设计和加工误差:尺寸偏差、角度偏差、外形模拟失真、表面光洁度、模型与天平配加工不合适所引起的误差等;

（3）风洞试验设备误差:如迎角机构的控制精度、马赫数的控制精度、流场品质等;

（4）测试仪器误差:天平误差、压力传感器误差、数据采集系统的误差等;

（5）数据处理误差:如数据处理中采用近似公式带来的误差、数据修正误差、插值与曲线拟合误差等。

在试验应用中不可能计及全部可能产生误差的基本误差源,也没有必要逐个估算所有基本误差源的偏离极限和精度极限,而是根据试验误差传递过程,确定误差源对试验结果的影响,选择控制数据质量的主要因素,从而大大简化试验结果数据不确定度的分析。

风洞试验中误差的传递过程为:基本误差源通过试验设备、有关试验装置、各种测试仪器等传播给各被测独立变量,各种过程误差再通过数据处理方程最终传播到试验结果中。因此,在对风洞试验数据进行不确定度分析时,首先根据数据处理方程列出各独立测量变量,并估算出各被测独立变量测量值的精度极限 P_{xi} 和偏离极限 B_{xi},再根据式(3.3)~式(3.5)求出最终试验结果的精度极限 P_r、偏离极限 B_r 和不确定度 U_r。

根据飞机人椅系统模型风洞测力试验数据处理方程可列出测力试验中独立测量变量有 30 个,即 X'、Y'、Z'、M'_x、M'_y、M'_z、p_o、p_c、T_o、q、Re、DMa（亚跨声速时）、Ma（超声速时）、$p_{bi}(i=1,2$ 或 $1\sim4)$、Y_G、M_{zG}、S、L、X_G、ΔL、ΔY、ΔZ、α_M、$\Delta\alpha_{CP}$、$\Delta\alpha_e$、β_M、$\Delta\beta_{CP}$、$\Delta\beta_e$、γ_M、$\Delta\gamma_e$。在试验中的所有过程参数及最终结果可以表示为这些独立测量变量的函数。

3.4　试验中过程参数及试验结果不确定度估算

飞机人椅系统模型风洞气流参数不确定度的估算、纵横向测力试验的模型姿态角不确定度的估算在整个不确定度的估算分析系统中都是相同的,且空气动力系数不确定度的估算中还涉及它们的偏导数。

3.4.1 风洞气流参数

亚、跨声速时,风洞气流参数的独立测值是 p_o、p_c、T_o、DMa(总压、参考静压、总温、马赫数修正量),则自由流马赫数 Ma、静压 p、速压 q 和雷诺数 Re 可表示为有关自变量的函数:

$$Ma = Ma(p_o, p_c, DMa) \tag{3.10}$$

$$p = p(p_o, p_c, DMa) \tag{3.11}$$

$$q = q(p_o, p_c, DMa) \tag{3.12}$$

$$Re = Re(p_o, p_c, T_0, DMa) \tag{3.13}$$

按照式(3.3)~式(3.5),其不确定度可表示为

$$U_{Ma} = \sqrt{B_{Ma}^2 + P_{Ma}^2} \tag{3.14}$$

$$U_p = \sqrt{B_p^2 + P_p^2} \tag{3.15}$$

$$U_q = \sqrt{B_q^2 + P_q^2} \tag{3.16}$$

$$U_{Re} = \sqrt{B_{Re}^2 + P_{Re}^2} \tag{3.17}$$

$$B_{Ma} = \sqrt{\left(\frac{\partial Ma}{\partial p_0}B_{p_0}\right)^2 + \left(\frac{\partial Ma}{\partial p_c}B_{p_c}\right)^2 + \left(\frac{\partial Ma}{\partial DMa}B_{DMa}\right)^2} \tag{3.18}$$

$$P_{Ma} = \sqrt{\left(\frac{\partial Ma}{\partial p_0}P_{p_0}\right)^2 + \left(\frac{\partial Ma}{\partial p_c}P_{p_c}\right)^2} \tag{3.19}$$

$$B_p = \sqrt{\left(\frac{\partial p}{\partial p_0}B_{p_0}\right)^2 + \left(\frac{\partial p}{\partial p_c}B_{p_c}\right)^2 + \left(\frac{\partial p}{\partial DMa}B_{DMa}\right)^2} \tag{3.20}$$

$$P_p = \sqrt{\left(\frac{\partial p}{\partial p_0}P_{p_0}\right)^2 + \left(\frac{\partial p}{\partial p_c}P_{p_c}\right)^2} \tag{3.21}$$

$$B_q = \sqrt{\left(\frac{\partial q}{\partial p_0}B_{p_0}\right)^2 + \left(\frac{\partial q}{\partial p_c}B_{p_c}\right)^2 + \left(\frac{\partial q}{\partial DMa}B_{DMa}\right)^2} \tag{3.22}$$

$$P_q = \sqrt{\left(\frac{\partial q}{\partial p_0} P_{p_0}\right)^2 + \left(\frac{\partial q}{\partial p_c} P_{p_c}\right)^2} \tag{3.23}$$

$$B_{Re} = \sqrt{\left(\frac{\partial Re}{\partial p_0} B_{p_0}\right)^2 + \left(\frac{\partial Re}{\partial p_c} B_{p_c}\right)^2 + \left(\frac{\partial Re}{\partial T_0} B_{T_0}\right)^2 + \left(\frac{\partial Re}{\partial DMa} B_{DMa}\right)^2} \tag{3.24}$$

$$P_{Re} = \sqrt{\left(\frac{\partial Re}{\partial p_0} P_{p_0}\right)^2 + \left(\frac{\partial Re}{\partial p_c} P_{p_c}\right)^2 + \left(\frac{\partial Re}{\partial T_0} P_{T_0}\right)^2} \tag{3.25}$$

3.4.2　模型姿态角

在飞机人椅系统模型纵、横向测力试验中,一般参与数据处理的模型姿态角有 α、β,由公式:

$$\alpha = \alpha_M + \Delta\alpha_{CP} + \Delta\alpha_e \tag{3.26}$$

$$\beta = \beta_M + \Delta\beta_{CP} + \Delta\beta_e \tag{3.27}$$

根据式(3.3)~式(3.5),其不确定度为

$$U_\alpha = (B_\alpha^2 + P_\alpha^2)^{\frac{1}{2}} \tag{3.28}$$

$$U_\beta = (B_\beta^2 + P_\beta^2)^{\frac{1}{2}} \tag{3.29}$$

$$B_\alpha^2 = \left(\frac{\partial\alpha}{\partial\alpha_M} B_{\alpha_M}\right)^2 + \left(\frac{\partial\alpha}{\partial\Delta\alpha_{CP}} B_{\Delta\alpha_{CP}}\right)^2 + \left(\frac{\partial\alpha}{\partial\beta_M} B_{\beta_M}\right)^2 + \left(\frac{\partial\alpha}{\partial Y'} B_{Y'}\right)^2$$
$$+ \left(\frac{\partial\alpha}{\partial Z'} B_{Z'}\right)^2 + \left(\frac{\partial\alpha}{\partial M_y'} B_{M_y'}\right)^2 + \left(\frac{\partial\alpha}{\partial M_z'} B_{M_z'}\right)^2 \tag{3.30}$$

$$P_\alpha^2 = \left(\frac{\partial\alpha}{\partial\alpha_M} P_{\alpha_M}\right)^2 + \left(\frac{\partial\alpha}{\partial\beta_M} P_{\beta_M}\right)^2 + \left(\frac{\partial\alpha}{\partial Y'} P_{Y'}\right)^2 + \left(\frac{\partial\alpha}{\partial Z'} P_{Z'}\right)^2$$
$$+ \left(\frac{\partial\alpha}{\partial M_y'} P_{M_y'}\right)^2 + \left(\frac{\partial\alpha}{\partial M_z'} P_{M_z'}\right)^2 \tag{3.31}$$

$$B_\beta^2 = \left(\frac{\partial\beta}{\partial\beta_M} B_{\beta_M}\right)^2 + \left(\frac{\partial\beta}{\partial\alpha_M} B_{\alpha_M}\right)^2 + \left(\frac{\partial\beta}{\partial\Delta\beta_{CP}} B_{\Delta\beta_{CP}}\right)^2 + \left(\frac{\partial\beta}{\partial Z'} B_{Z'}\right)^2 + \left(\frac{\partial\beta}{\partial M_y'} B_{M_y'}\right)^2 \tag{3.32}$$

$$P_\beta^2 = \left(\frac{\partial\beta}{\partial\alpha_M} P_{\alpha_M}\right)^2 + \left(\frac{\partial\beta}{\partial\beta_M} P_{\beta_M}\right)^2 + \left(\frac{\partial\beta}{\partial Z'} P_{Z'}\right)^2 + \left(\frac{\partial\beta}{\partial M_y'} P_{M_y'}\right)^2 \tag{3.33}$$

3.4.3　空气动力系数

在飞机人椅系统模型纵横向测力试验中,天平采用体轴校,由数据处理方程可将其亚跨声速时的空气动力系数表示为以下函数形式:

$$C_{y_t} = C_{y_t}(Y', M'_z, Z', M'_y, p_o, p_c, DMa, Y_G, \alpha_M, \beta_M, \gamma_M, S)$$

$$C_{x_t} = C_{x_t}(X', Y', M'_z, Z', M'_y, p_o, p_c, DMa, p_{bi}, Y_G, \alpha_M, \beta_M, \gamma_M, S)$$

$$C_{z_t} = C_{z_t}(Z', p_o, p_c, DMa, \alpha_M, \beta_M, \gamma_M, S)$$

$$m_{z_t} = m_{z_t}(Y', M'_z, p_o, p_c, DMa, Y_G, M_{zG}, L, \Delta L, \alpha_M, \beta_M, \gamma_M, S)$$

$$m_{y_t} = m_{y_t}(Z', M'_y, p_o, p_c, DMa, L, \Delta L, \alpha_M, \beta_M, \gamma_M, S)$$

$$m_{x_t} = m_{x_t}(M'_x, p_o, p_c, DMa, L, \alpha_M, \beta_M, S)$$

以飞机人椅系统体轴系的升力系数 C_{y_t} 为例,根据式(3.3)~式(3.5)式,其不确定度可表示为

$$U_{C_{y_t}} = (B_{C_{y_t}}^2 + P_{C_{y_t}}^2)^{\frac{1}{2}} \tag{3.34}$$

$$
\begin{aligned}
B_{C_{y_t}}^2 =& \left(\frac{\partial C_{y_t}}{\partial Y'}\right)^2 B_{Y'}^2 + \left(\frac{\partial C_{y_t}}{\partial X'}\right)^2 B_{X'}^2 + \left(\frac{\partial C_{y_t}}{\partial M'_z}\right)^2 B_{M'_z}^2 + \left(\frac{\partial C_{y_t}}{\partial Z'}\right)^2 B_{Z'}^2 + \left(\frac{\partial C_{y_t}}{\partial M'_y}\right)^2 B_{M'_y}^2 \\
&+ \left(\frac{\partial C_{y_t}}{\partial p_0}\right)^2 B_{p_0}^2 + \left(\frac{\partial C_{y_t}}{\partial p_c}\right)^2 B_{p_c}^2 + \left(\frac{\partial C_{y_t}}{\partial DMa}\right)^2 B_{DMa}^2 + \sum_i \left(\frac{\partial C_{y_t}}{\partial p_{bi}}\right)^2 B_{p_{bi}}^2 \\
&+ \left(\frac{\partial C_{y_t}}{\partial Y_G}\right)^2 B_{Y_G}^2 + \left(\frac{\partial C_{y_t}}{\partial M_{zG}}\right)^2 B_{M_{zG}}^2 + \left(\frac{\partial C_{y_t}}{\partial \alpha_M}\right)^2 B_{\alpha_M}^2 + \left(\frac{\partial C_{y_t}}{\partial \Delta\alpha_{CP}}\right)^2 B_{\Delta\alpha_{CP}}^2 \\
&+ \left(\frac{\partial C_{y_t}}{\partial \beta_M}\right)^2 B_{\beta_M}^2 + \left(\frac{\partial C_{y_t}}{\partial \Delta\beta_{CP}}\right)^2 B_{\Delta\beta_{CP}}^2 + \left(\frac{\partial C_{y_t}}{\partial \gamma_M}\right)^2 B_{\gamma_M}^2 + \left(\frac{\partial C_{y_t}}{\partial S}\right)^2 B_S^2
\end{aligned}
$$

$$\tag{3.35}$$

$$
\begin{aligned}
P_{C_{y_t}}^2 =& \left(\frac{\partial C_{y_t}}{\partial Y'}\right)^2 P_{Y'}^2 + \left(\frac{\partial C_{y_t}}{\partial X'}\right)^2 P_{X'}^2 + \left(\frac{\partial C_{y_t}}{\partial M'_z}\right)^2 P_{M'_z}^2 + \left(\frac{\partial C_{y_t}}{\partial Z'}\right)^2 P_{Z'}^2 + \left(\frac{\partial C_{y_t}}{\partial M'_y}\right)^2 P_{M'_y}^2 \\
&+ \left(\frac{\partial C_{y_t}}{\partial p_0}\right)^2 P_{p_0}^2 + \left(\frac{\partial C_{y_t}}{\partial p_c}\right)^2 P_{p_c}^2 + \left(\frac{\partial C_{y_t}}{\partial DMa}\right)^2 P_{DMa}^2 + \sum_i \left(\frac{\partial C_{y_t}}{\partial p_{bi}}\right)^2 P_{p_{bi}}^2 \\
&+ \left(\frac{\partial C_{y_t}}{\partial \alpha_M}\right)^2 P_{\alpha_M}^2 + \left(\frac{\partial C_{y_t}}{\partial \beta_M}\right)^2 B_{\beta_M}^2 + \left(\frac{\partial C_{y_t}}{\partial \gamma_M}\right)^2 B_{\gamma_M}^2
\end{aligned}
$$

$$\tag{3.36}$$

3.5　飞机人椅系统模型风洞试验系统不确定度计算

利用上述不确定度分析方法对本项研究中某飞机人椅系统模型在 1.2 m 跨超声速风洞测力试验结果进行不确定度分析。

根据飞机人椅系统模型试验的要求和数据处理公式,试验数据结果 r_j 包括 Ma、p、q、α、β、C_{y_t}、C_{x_t}、C_{z_t}、m_{z_t}、m_{x_t}、m_{y_t} 等 11 个主要参数。独立测量参数 x_i 具体为: p_o、p_c、X'、Y'、Z'、M'_x、M'_y、M'_z、α_M、β_M、$\Delta\alpha_{CP}$、ΔL、ΔY、ΔZ、DMa、Y_G 等 16 个,对每一个独立参数都按它的误差源分别给出其精度误差和偏离误差估计值。因此,灵敏度系数 $\partial r/\partial x_i$ 共计 $11 \times 16 = 176$ 个,组成一个庞大的矩阵 $\{\partial r_j/\partial x_i\}$。

在亚跨声速时,气流参数的独立测值是 p_o、p_c、DMa。气流参数的计算公式为

$$Ma = \sqrt{5\left[\left(\frac{p_0}{p_c}\right)^{\frac{2}{7}} - 1\right]} + DMa \tag{3.37}$$

$$p = p_0\left(1 + 0.2Ma^2\right)^{-3.5} \tag{3.38}$$

$$q = 0.7pMa^2 \tag{3.39}$$

按照式(3.2)~式(3.5)式可求得

$$B_{Ma} = \sqrt{\left(\frac{\partial Ma}{\partial p_0}B_{p_0}\right)^2 + \left(\frac{\partial Ma}{\partial p_c}B_{p_c}\right)^2 + \left(\frac{\partial Ma}{\partial DMa}B_{DMa}\right)^2} \tag{3.40}$$

$$P_{Ma} = \sqrt{\left(\frac{\partial Ma}{\partial p_0}P_{p_0}\right)^2 + \left(\frac{\partial Ma}{\partial p_c}P_{p_c}\right)^2} \tag{3.41}$$

$$B_p = \sqrt{\left(\frac{\partial P}{\partial p_0}B_{p_0}\right)^2 + \left(\frac{\partial P}{\partial p_c}B_{p_c}\right)^2 + \left(\frac{\partial P}{\partial DMa}B_{DMa}\right)^2} \tag{3.42}$$

$$P_p = \sqrt{\left(\frac{\partial p}{\partial p_0}P_{p_0}\right)^2 + \left(\frac{\partial p}{\partial p_c}P_{p_c}\right)^2} \tag{3.43}$$

$$B_q = \sqrt{\left(\frac{\partial q}{\partial p_0}B_{p_0}\right)^2 + \left(\frac{\partial q}{\partial p_c}B_{p_c}\right)^2 + \left(\frac{\partial q}{\partial DMa}B_{DMa}\right)^2} \tag{3.44}$$

$$P_q = \sqrt{\left(\frac{\partial q}{\partial p_0}P_{p_0}\right)^2 + \left(\frac{\partial q}{\partial p_c}P_{p_c}\right)^2} \tag{3.45}$$

于是有

$$U_{Ma} = \sqrt{B_{Ma}^2 + P_{Ma}^2} \qquad (3.46)$$

$$U_p = \sqrt{B_p^2 + P_p^2} \qquad (3.47)$$

$$U_q = \sqrt{B_q^2 + P_q^2} \qquad (3.48)$$

计算中要多次用到其中的一些偏导数,其表达式为

$$\frac{\partial Ma}{\partial p_0} = \frac{\sqrt{5}}{7p_c \left(\dfrac{p_0}{p_c}\right)^{\frac{5}{7}} \sqrt{\left(\dfrac{p_0}{p_c}\right)^{\frac{2}{7}} - 1}} \qquad (3.49)$$

$$\frac{\partial Ma}{\partial p_c} = \frac{\sqrt{5}\,p_0}{7{p_c}^2 \left(\dfrac{p_0}{p_c}\right)^{\frac{5}{7}} \sqrt{\left(\dfrac{p_0}{p_c}\right)^{\frac{2}{7}} - 1}} \qquad (3.50)$$

$$\frac{\partial p}{\partial p_0} = (1 + 0.2 Ma^2)^{-3.5} - 1.4 p_0 Ma (1 + 0.2 Ma^2)^{-4.5} \frac{\partial Ma}{\partial p_0} \qquad (3.51)$$

$$\frac{\partial p}{\partial p_c} = -1.4 p_0 Ma (1 + 0.2 Ma^2)^{-4.5} \frac{\partial p}{\partial p_0} \qquad (3.52)$$

对飞机人椅系统模型测力试验,测力天平采用体轴校准,由数据处理公式可求出灵敏度系数矩阵中的各偏导数,如

$$\frac{\partial C_{y_1}}{\partial Y'} = \frac{1}{qS} \left\{ \frac{\partial \alpha}{\partial Y'} [(-X') \cos \alpha - (Y' + Y_G) \sin \alpha] \right\} + \frac{\cos \alpha}{qS} \qquad (3.53)$$

式中,$\dfrac{\partial \alpha}{\partial Y'}$ 由天平弹性角公式决定。

利用表 3.1 的值和由数据处理公式导出的 $\{\partial r_j / \partial x_i\}$ 进行编程计算,对人椅系统模型进行的不确定度计算结果见图 3.1。计算条件为 $Ma = 0.60$,$\alpha = 0° \sim 360°$,$\beta = -60°$。对比该模型的重复性试验结果(表 3.2),可以看出,本不确定度计算偏于保守,各元的不确定度超过了 3 倍重复性精度。分析其中原因不难看出,本不确定度计算的基础为表 3.1 中的独立变量不确定度值,其中天平不确定度是根据天平静校结果得出的,$Ma = 0.60$ 时的天平感受到的载荷较小,远小于天平的最大量程,因而此时天平的不确定度低于表 3.1

中给出的值,从而导致飞机人椅系统模型的不确定度计算结果偏大。从各误差源对其不确定度的贡献分析可以看出,影响试验不确定度的最大因素为天平,其次为风洞的总静压传感器。因此,要提高风洞试验数据的不确定度,必须从提高天平及总静压精度入手。由表 3.2 某飞机人椅系统模型的重复性试验结果可以看出,该试验研究结果是可靠的,并具有较高的精确度。

表 3.1　独立测量参数不确定度

变量	单位	偏 离 极 限	精 度 极 限	不 确 定 度
Y	N	0.720 0E+01	0.240 0E+01	0.758 9E+01
M_{z_t}	N·m	0.600 0E+00	0.200 0E+00	0.632 5E+00
X	N	0.120 0E+02	0.400 0E+01	0.126 5E+02
M_{x_t}	N·m	0.720 0E+00	0.240 0E+00	0.758 9E+00
Z	N	0.162 0E+02	0.540 0E+01	0.170 8E+02
M_{y_t}	N·m	0.576 0E+00	0.192 0E+00	0.607 2E+00
p_0	Pa	0.300 0E+03	0.100 0E+03	0.316 2E+03
p_c	Pa	0.200 0E+03	0.700 0E+02	0.211 9E+03
DMa	—	0.300 0E-03	0.100 0E-03	0.316 2E-03
Y_G	N	0.630 0E+00	0.210 0E+00	0.664 1E+00
DL	m	0.300 0E-03	0.100 0E-03	0.316 2E-03
DY	m	0.300 0E-03	0.100 0E-03	0.316 2E-03
DZ	m	0.300 0E-03	0.100 0E-03	0.316 2E-03
α_M	(°)	0.500 0E-01	0.200 0E-01	0.538 5E-01
β_M	(°)	0.500 0E-01	0.200 0E-01	0.538 5E-01
$\Delta\alpha_{CP}$	(°)	0.300 0E-01	0.100 0E-01	0.316 2E-01

表 3.2　飞机人椅系统模型气动系数均方根误差($\beta=-60°$、$\alpha=40°$)

Ma　σ	$\sigma_{C_{y_t}}$	$\sigma_{m_{z_t}}$	$\sigma_{C_{x_t}}$	$\sigma_{C_{z_t}}$	$\sigma_{m_{x_t}}$	$\sigma_{m_{y_t}}$
0.60	0.002 5	0.005 5	0.004 54	0.000 50	0.000 10	0.000 10
0.90	0.000 69	0.002 6	0.001 88	0.000 52	0.000 14	0.000 62
1.20	0.001 0	0.000 6	0.000 80	0.000 26	0.000 08	0.000 34

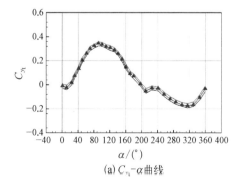

(a) C_{y_t}-α 曲线

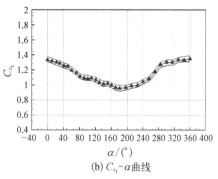

(b) C_{z_t}-α 曲线

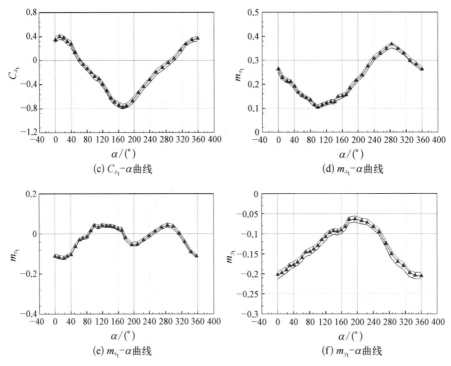

(c) C_{x_t}-α曲线   (d) m_{x_t}-α曲线

(e) m_{z_t}-α曲线   (f) m_{y_t}-α曲线

图 3.1　飞机人椅系统模型风洞试验不确定度计算误差带($\beta = -45°$)

3.6　试验技术研究结果可靠性分析

3.6.1　试验研究结果重复性

从表 3.2 给出的飞机人椅系统模型试验均方根误差可见,本文的试验精度较高。由图 3.2 中 $\beta = -90°$ 的重复性结果看,各空气动力系数重复性比较

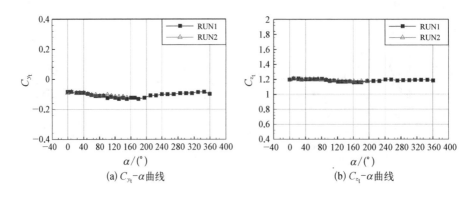

(a) C_{y_t}-α曲线   (b) C_{z_t}-α曲线

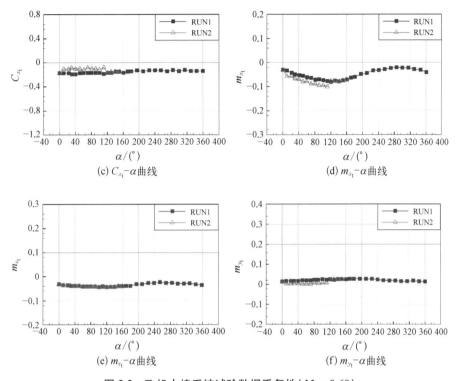

(c) C_{x_t}-α曲线　　　　　　(d) m_{x_t}-α曲线

(e) m_{z_t}-α曲线　　　　　　(f) m_{y_t}-α曲线

图 3.2　飞机人椅系统试验数据重复性($Ma=0.60$)

好。从图 3.2 中还可见在 $\alpha=0°$、$360°$ 两点的试验结果比较一致,而在这两
处飞机人椅系统模型的姿态相同。这些均表明本项试验研究的天平性能以
及整个测试系统工作稳定。

3.6.2　支撑干扰

图 3.3 为侧壁支撑及侧壁直角弯杆支撑两种支撑方式的试验结果比
较曲线,从图中可见,两种支撑的各空气动力系数随 α 变化规律相同,由于
两种支撑的堵塞度不同及飞机人椅系统模型在试验段中所处的位置不同,
从而导致两种支撑方式的试验数据有些差异。图 3.4 给出的是侧壁直角
弯杆支撑方式有、无假支杆及其支杆干扰量的试验比较曲线,从图中可见,
支杆干扰量值可信,变化规律合理。图 3.3 和图 3.4 所示的试验研究结果,
以及试验中随着侧滑角增大支撑形式由侧支撑变为尾支撑的支撑干扰分
析表明,本项研究所采用的支撑方式是可行的,由其所获得的试验结果是
可靠的。

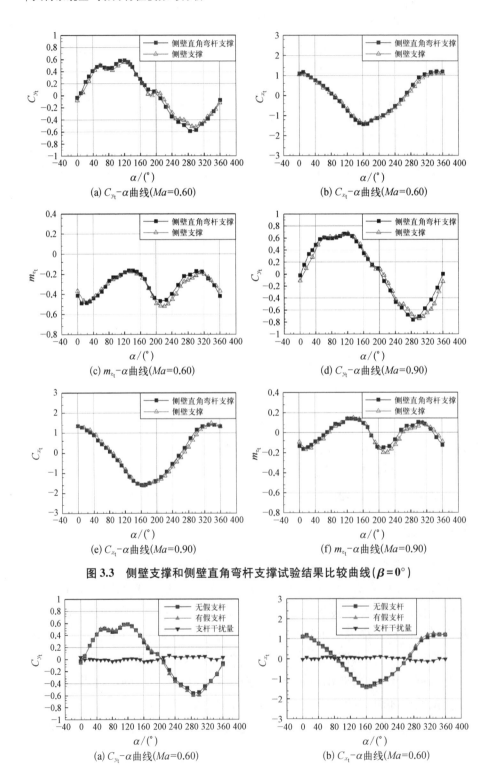

图 3.3 侧壁支撑和侧壁直角弯杆支撑试验结果比较曲线($\beta=0°$)

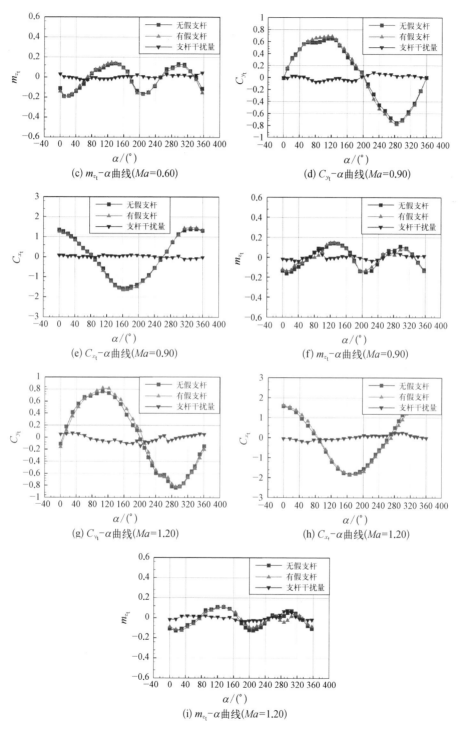

(c) m_{z_t}-α曲线(Ma=0.60)

(d) C_{y_t}-α曲线(Ma=0.90)

(e) C_{x_t}-α曲线(Ma=0.90)

(f) m_{z_t}-α曲线(Ma=0.90)

(g) C_{y_t}-α曲线(Ma=1.20)

(h) C_{x_t}-α曲线(Ma=1.20)

(i) m_{z_t}-α曲线(Ma=1.20)

图 3.4　侧壁直角弯杆支撑支杆干扰试验比较曲线（$\beta = 0°$）

3.6.3　试验研究结果与国外试验结果比较

图 3.5 为本项试验研究结果与缩比为 1：2 的 F - 106 飞机人椅系统模型在美国阿诺德工程发展中心 16 ft 风洞中的试验结果比较曲线[23]。需要说明的是,本项研究用的飞机人椅系统与 F - 106 飞机人椅系统差别不大,本项研究的飞机人椅系统带有出舱稳定装置(图 5.10),而 F - 106 飞机人椅系统没有。F - 106 飞机人椅系统模型的试验结果[23]是由一个尾支撑系统(图 1.5)获得的,迎角 0°~360°范围的试验要分 0°~120°、120°~240°、240°~360°三段进行,试验的侧滑角范围为 0°~ -45°。从图 3.5 中的比较曲线可见,本项试验研究结果随 α 的变化规律与国外相同,但这两个模型外形并不完全相同,且本项研究的试验结果随 α 变化曲线比国外的曲线光滑,国外试验曲线在迎角分段处存在明显的台阶。两座风洞中两个模型的试验结果虽然变化规律相同,但这两个模型外形并不完全相同,因而二者的空气动力系数数值不同,如图 3.5 的 C_{y_t}-α 曲线可见,在 α=0° 和 360°处,国外的 C_{y_t} 值为一较大负值,而本项研究的 C_{y_t} 接近零值,从图 3.5(c)可见,在 α=0°~22°范围内,飞机人椅系统是纵向静稳定的,而 F - 106 飞机人椅系统则与此相反。这是由于

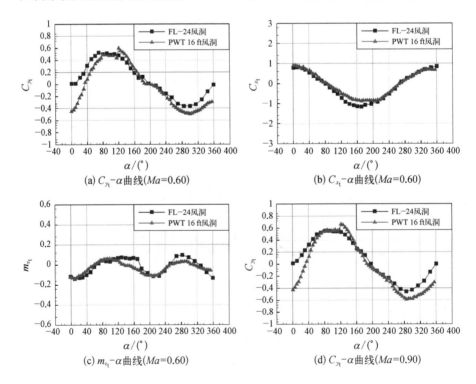

(a) C_{y_t}-α曲线(Ma=0.60)　　　(b) C_{x_t}-α曲线(Ma=0.60)

(c) m_{z_t}-α曲线(Ma=0.60)　　　(d) C_{y_t}-α曲线(Ma=0.90)

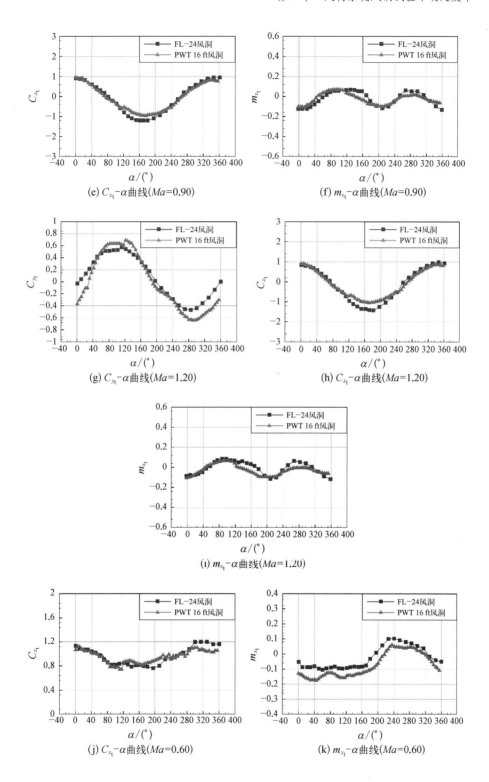

(e) C_{x_t}-α曲线(Ma=0.90)

(f) m_{z_t}-α曲线(Ma=0.90)

(g) C_{y_t}-α曲线(Ma=1.20)

(h) C_{x_t}-α曲线(Ma=1.20)

(i) m_{z_t}-α曲线(Ma=1.20)

(j) C_{z_t}-α曲线(Ma=0.60)

(k) m_{x_t}-α曲线(Ma=0.60)

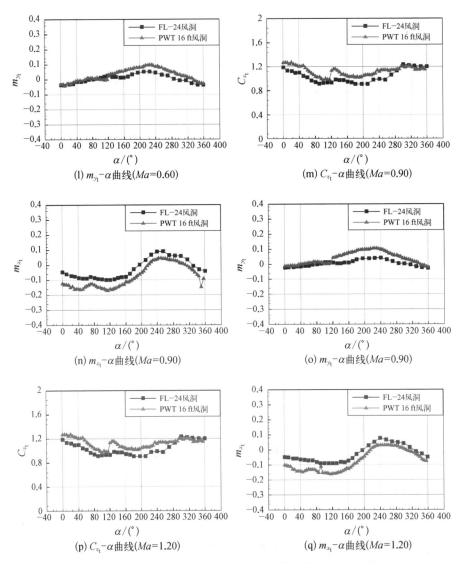

(l) m_{y_t}-α曲线(Ma=0.60)

(m) C_{z_t}-α曲线(Ma=0.90)

(n) m_{x_t}-α曲线(Ma=0.90)

(o) m_{y_t}-α曲线(Ma=0.90)

(p) C_{z_t}-α曲线(Ma=1.20)

(q) m_{x_t}-α曲线(Ma=1.20)

图 3.5　本项试验结果与国外试验结果比较曲线(β=−45°)

本项研究中飞机人椅系统带有出舱稳定装置。在 α=0°时,该出舱稳定装置相对气流而言相当于有一个较大的迎角,这时该装置将产生正法向力,从而抵消此时飞机人椅系统所产生的负法向力。图 3.5 的比较结果表明出舱稳定装置在小迎角范围内起到了改善飞机人椅系统纵向静稳定性的作用。本项试验研究结果变化规律合理,试验研究结果可靠,量值可信。

第4章　人椅系统空气动力特性数值模拟

4.1　概述

在连续介质假设下,N-S方程被认为是描述流体各种流动现象最好的数学模型。因此,完全求解 N-S 方程也是数值模拟流动的最终目标。近几年发展起来的直接数值模拟(direct numerical simulation, DNS),理论上可以通过完全求解 N-S 方程而模拟所有湍流现象。但是其本身对网格的密度要求非常高,在目前计算机条件下,其计算量之大令人无法接受,尤其是求解飞机人椅系统这样大雷诺数、复杂的工程问题更是不切实际。目前,直接数值模拟只能对模型简单、小雷诺数流动问题做一些机理性的研究。

20 世纪末,人们发展了许多 Euler 方程求解程序。Euler 方程是 N-S 方程在忽略黏性作用和热扩散引起的热损失前提下简化而成的。用 Euler 方程模拟计算物体绕流,可以得到一些基本的空气动力参数为工程设计提供一定的指导。尽管如此,对于旋涡这样复杂的流动,由于其包含有许多与黏性有关的特性(如涡破裂、二次分离、再附等),Euler 方程是无法准确模拟的。对于飞机人椅系统这类不规则的非流线型钝体绕流,必然会出现复杂的分离现象,用 Euler 方程来模拟是不足的。但是,Euler 方程解算器求解速度快,而且所得到的解不会太差,因此,可以将其计算得到的解作为更高形式控制方程解算器的初解,这将有利于解的收敛,提高更高形式控制方程解算器的求解速度。

雷诺平均 N-S 方程(Reynolds-averaged Navier-Stokes, RANS)是对全N-S 方程的一种简化,用它求解湍流时需要附加半经验的湍流模型。目前,采用雷诺平均 N-S 方程求解复杂工程绕流问题是最佳选择,其计算量比直接数值模拟要少得多,而精度比 Euler 方程高,可以满足工程需要。

在计算流体力学中,以前的数值计算方法主要有两种,即有限差分法和有限元法。有限差分法是将微分方程离散到网格点上,将方程中无限小的微分化为有限小的差分来求解。有限差分法在流体力学中应用广泛,发展得也比较成熟。但为了能获得高精度的差分格式,通常要求网格十分光滑,否则会导致较大误差。复杂物体绕流难以做到网格十分光滑。有限元法是将积分形的流体控制方程离散到有限小的体积单元里求解。有限元对网格没有严格的要求,既可以是结构网格,也可以是非结构网格。但为了保证解的精确性,有限元法在每个单元里要进行某种加权积分,计算时内存占用量大而且耗时。有限元法发源于固体力学,目前在求解流固耦合问题(如血管中血液流动导致血管壁变形等)中仍然大量使用。后来在有限差分法中,引进了将求解区域划分为有限小体积单元的想法,称为有限体积法,它更适于求解有复杂几何形状边界的流场。有限体积法基本思想是在每个单元内只做简单积分,而不像有限元那样进行较繁的加权积分。有限体积法形式更加简单,便于设计严格保证质量等守恒的差分格式,而且便于程序化,它是求解形状复杂的工程绕流问题的一种较佳选择。

本章在混合非结构网格下求解了 Euler 方程和 N–S 方程,采用的是 Jameson 有限体积法。它主要是通过对网格单元进行通量积分来求解方程的,因此,这种算法不受网格类型的限制,可广泛用于包括结构网格、非结构网格、笛卡尔网格(直角网格)等在内的各类网格。本章在有限体积法中采用的是多步 Runge–Kutta 显式时间推进格式。N–S 方程计算湍流时采用的是一方程的 Spalart–Allmaras(S–A)模型。

目前弹射救生系统是在战斗机中应用最广泛的、最可靠的一种比较安全有效的救生装置。现代高性能战斗机飞行包线范围十分宽广,而应急人椅系统工作在战斗机的失事状态,在较严重情况下,战斗机不但处于高速、大迎角、大侧滑角条件下,而且还会伴有绕三个轴高速旋转以及纵、横向交感运动。这导致了人椅系统不但面临高速、大迎角、大侧滑角运动,还会因惯性带来各种复杂的旋转运动。因此,在弹射救生系统设计初期,快速获取人椅系统大迎角大侧滑角的空气动力特性和深入的空气动力特性分析对高性能弹射救生系统的设计、性能预估、弹射飞行轨迹计算以及故障分析至关重要。风洞试验技术能够准确地获取人椅系统的空气动力学特性,但模型加工周期长,试验技术复杂,成本高。CFD 作为风洞试验技术的一个补充手段,也能获得人椅系统的空气动力特性,并可以刻画流场细节,但其外形太过复杂,使得网格数量较大且生成困难,计算周期长。通过分析人椅系统大迎角大侧滑角空气动力特性,将试验与数值模拟相结合,发展了人椅系统空气动力特性工程计算方法,可以快速预测其大迎角大侧滑角人椅系统空气动力特性[62-63]。

4.2　三维 Euler 方程有限体积法

4.2.1　数学模型

Euler 方程是描述无黏流动的最高形式,通过对 Euler 方程的求解,可以比较精确地预计出流场中激波的位置和强度,而且其求解速度快,因此,发展基于非结构化网格的 Euler 方程解算器仍有重要意义。用 Euler 方程捕捉激波时通常有两种方法:一是以非定常 Euler 方程组为基础,沿着时间方向推进最终得到定常解[64-65];另一种是以定常 Euler 方程组为基础的空间推进法直接得到定常解[66-70]。上述第一种方法实用范围广,适于求解混合流场,因为混合流场时,定常方程是混合型方程,很难提出适定的边界条件,而非定常 Euler 方程在时间方向有实的特征值和确定的双曲型方程,可以根据边界类型和边界上的特征值提出适定的边界条件。第二种方法要求流动速度沿推进方向的分量处处为超声速,尽管有一定的局限性,但是其计算量非常少。飞机人椅系统工况通常是混合流场,因此,适于采用第一种方法,这时的时间导数项只是用来建立某种松弛方法。而且沿时间方向推进求解过程中,可以采用各种加快收敛措施使求解尽快达到定常解。

微分形式非定常守恒型 Euler 方程为

$$\frac{\partial \boldsymbol{W}}{\partial t} + \frac{\partial \boldsymbol{E}}{\partial x} + \frac{\partial \boldsymbol{F}}{\partial y} + \frac{\partial \boldsymbol{G}}{\partial z} = 0 \tag{4.1}$$

式中,$\boldsymbol{W}$ 是守恒变量,$\boldsymbol{E}$、$\boldsymbol{F}$、$\boldsymbol{G}$ 为通量矢量,其表达形式分别为

$$\boldsymbol{W} = \begin{bmatrix} \rho \\ \rho u \\ \rho v \\ \rho w \\ e \end{bmatrix} \qquad \boldsymbol{E} = \begin{bmatrix} \rho u \\ \rho u^2 + p \\ \rho u v \\ \rho u w \\ (e + p) u \end{bmatrix}$$

$$\boldsymbol{F} = \begin{bmatrix} \rho v \\ \rho vu \\ \rho v^2 + p \\ \rho vw \\ (e + p)v \end{bmatrix} \qquad \boldsymbol{G} = \begin{bmatrix} \rho w \\ \rho wu \\ \rho wv \\ \rho w^2 + p \\ (e + p)w \end{bmatrix}$$

式中,u、v、w 为速度的三个分量;e 为单位体积的内能和动能之和。对于完全气体,它们之间有如下关系:

$$e = \frac{1}{\gamma - 1}p + \frac{1}{2}\rho(u^2 + v^2 + w^2) \tag{4.2}$$

4.2.2 有限体积法

将积分形式的 Euler 方程用于一个控制体(或面积),如图 4.1 所示。

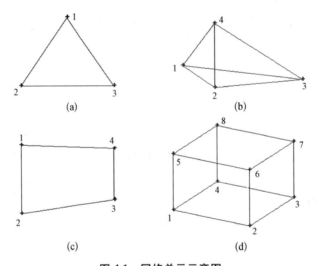

图 4.1 网格单元示意图

得到

$$\frac{\mathrm{d}}{\mathrm{d}t}\iiint\limits_{\Omega_k} W\mathrm{d}\Omega + \iint\limits_{\partial\Omega_k} \bar{\bar{F}} \cdot \boldsymbol{n}\mathrm{d}s = 0 \tag{4.3}$$

式中,$\bar{\bar{F}} = \boldsymbol{Ei} + \boldsymbol{Fj} + \boldsymbol{Gk}$;$\Omega_k$ 表示标号为 k 的网格单元;$\partial\Omega_k$ 为其边界;$\boldsymbol{n}$ 为边界的单位外法矢。当网格单元体积(或面积)足够小时,有如下近似式成立:

$$\iiint\limits_{\Omega_k} W\mathrm{d}\Omega = V_k W_k \qquad (4.4)$$

即

$$\frac{\mathrm{d}}{\mathrm{d}t} \iiint\limits_{\Omega_k} W\mathrm{d}\Omega = V_k \frac{\mathrm{d}W_k}{\mathrm{d}t} \qquad (4.5)$$

式中,W_k 可以视为网格中心的守恒变量;V_k 为网格单元的体积(或面积)。为了二维和三维统一表示且容易编写程序,采用如图 4.2 所示的约定,二维单元由三维单元退化而成,二维单元的面积也称为体积。

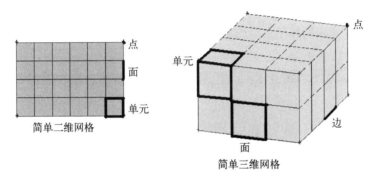

图 4.2　网格单元、面、边、点示意图

点 P_{ki} 的坐标为(x_{ki}, y_{ki}, z_{ki}),则单元的体积 V_k 按分别如下公式计算。即二维情况下,三角形单元[图 4.1(a)]是基本单元,其体积为

$$V_k = \frac{1}{2} \begin{vmatrix} x_{k1} & y_{k1} & 1 \\ x_{k2} & y_{k2} & 1 \\ x_{k3} & y_{k3} & 1 \end{vmatrix}$$

顶点顺序按逆时针方向排列。四边形单元[图 4.1(b)]体积,等于两个三角形单元体积之和,即

$$V_k = V_{123} + V_{234}$$

三维情况下,四面体单元[图 4.1(c)]是基本单元,其体积为

$$V_k = \frac{1}{6} \begin{vmatrix} x_{k1} & y_{k1} & z_{k1} & 1 \\ x_{k2} & y_{k2} & z_{k2} & 1 \\ x_{k3} & y_{k3} & z_{k3} & 1 \\ x_{k4} & y_{k4} & z_{k4} & 1 \end{vmatrix}$$

顶点顺序按右手准则排列。六面体单元[图4.1(d)]体积,等于5个四面体单元体积之和,即

$$V_k = V_{1236} + V_{1348} + V_{1685} + V_{3867} + V_{3816} \tag{4.6}$$

依此类推可以计算五面体单元的体积。

设 Q_k 表示从网格单元 k 流出的净通量,则有

$$Q_k = \iint\limits_{\partial \Omega_k} \bar{\bar{F}} \cdot \boldsymbol{n} \mathrm{d}s = \sum_{i=1}^{N} \bar{\bar{F}}_{ki} \cdot \boldsymbol{n}_{ki} S_{ki} \tag{4.7}$$

式中,N 代表网格单元 k 的面的个数;$\boldsymbol{n}_{ki}$ 代表网格单元 k 的第 i 个面的单位外法矢;S_{ki} 代表网格单元 k 的第 i 个面的面积;$\bar{\bar{F}}_{ki}$ 表示网格单元 k 的第 i 个面的通量。

网格交界处的通量 $\bar{\bar{F}}_{ki}$ 的值,用 W 相邻网格中心处的值的平均值来表示:

$$\bar{\bar{F}}_{ki} = \bar{\bar{F}}\left[\frac{1}{2}(W_{\mathrm{L}} + W_{\mathrm{R}})\right] \tag{4.8}$$

式中,W_{L} 和 W_{R} 分别代表左右两侧网格中心处的守恒量。

最终得到半离散化的方程为

$$V_k \frac{\mathrm{d}}{\mathrm{d}t} W_k + Q_k = 0 \tag{4.9}$$

4.2.3 边界处理

边界的处理对 Euler 方程的求解至关重要,直接影响到解的收敛。用 Euler 方程求解可压缩外流场时主要包括两种边界:一是远场边界;二是物面边界。

1. 远场边界条件

尽管可以认为真实飞行器是在无限域内飞行,但实际问题的计算一般是针对有限区域的,而且为了减少计算量,计算域取得要尽可能小,因此,在所取区域的边界上需要给定合适的边界条件,它要求在数学上满足适定性,在物理上具有明显而确切的意义。本文在数值计算时取计算域为参考长度的8倍左右,同时在远场边界上采用 Jameson 提出的远场 Riemann 不变量无反射边界条件[71],即扰动波不会反射回流场。

本节应用一维特征分析法来简单分析
远场边界。如图 4.3 所示,远场边界取当地
直角坐标系,x 轴沿边界法向。边界附近的
非守恒型气体动力学方程为

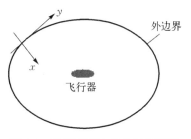

图 4.3　计算区域和外边界示意图

$$\frac{\partial Q}{\partial t} + A\frac{\partial Q}{\partial x} + B\frac{\partial Q}{\partial y} = 0 \quad (4.10)$$

假设 $\frac{\partial}{\partial y} \ll \frac{\partial}{\partial x}$,略去 $\frac{\partial}{\partial y}$ 项,只考虑一维,得

$$\frac{\partial Q}{\partial t} + A\frac{\partial Q}{\partial x} = 0 \quad (4.11)$$

式中,

$$Q = \begin{bmatrix} \rho \\ u \\ v \\ p \end{bmatrix}, \quad A = \begin{bmatrix} u & \rho & 0 & 0 \\ 0 & u & 0 & 1/\rho \\ 0 & 0 & u & u \\ 0 & \rho a^2 & a & u \end{bmatrix}$$

式中,A 的特征值为

$$\lambda_{1,2} = u$$

$$\lambda_{3,4} = u \pm a$$

上述四个特征值确定了 (x, t) 空间的特征斜率。可以证明:

$$u \pm \frac{2}{\gamma - 1}a$$

沿特征线:

$$\lambda = u \pm a$$

不变,称为 Riemann 不变量,可用 $R^\pm$ 表示。对于多维问题的远场边界条件的
给定,目前尚无严格的理论依据,往往采用一维类推,即把每个方向都看成
一维问题,直接使用上述一维理论。

远场边界条件具体数目需要根据边界附近信息传播的性质确定,可分
为四种情形。

(1)亚声速入流边界:有三条入流特征线,需要规定三个条件。

按照 Riemann 不变量以及切向速度分量 q_t、熵 s 沿特征线不变的条件确定此时的流动参数:

$$q_n + \frac{2a}{\gamma - 1} = (q_n)_\infty + \frac{2a_\infty}{\gamma - 1}$$

$$q_n - \frac{2a}{\gamma - 1} = (q_n)_e - \frac{2a_e}{\gamma - 1} \tag{4.12}$$

$$q_t = (q_t)_\infty$$

$$s = s_\infty$$

式中,下标 t 代表切向;下标 n 代表法向;下标 ∞ 代表自由流;下标 e 代表从流场内到边界的外插值,都为已知。式(4.12)的右端均为已知的,因此,可以解出边界上的 q_n、a、q 和 s 的值,再进一步由 s 和 a 求出 p 和 ρ。

(2) 亚声速出流边界:只有一条入流特征线,只需要规定一个条件。

同样,按照 Riemann 不变量及切向速度分量 q_t、熵 s 沿特征线不变的条件确定此时的流动参数:

$$q_n - \frac{2a}{\gamma - 1} = (q_n)_\infty - \frac{2a_\infty}{\gamma - 1}$$

$$q_n + \frac{2a}{\gamma - 1} = (q_n)_e + \frac{2a_e}{\gamma - 1} \tag{4.13}$$

$$q_t = (q_t)_e$$

$$s = s_e$$

由上式可以很方便地求出边界上的流动参数。

(3) 超声速入流边界:有四条入流特征线,需要规定三个条件,即边界上流动参数的值取自由流的值。

(4) 超声速出流边界:没有入流特征线,不需要在这类边界上规定条件,边界上流动参数的值由流场内向边界上外插确定。

2. 物面边界条件

Euler 方程是无黏流动的,因此,在物面边界上只需强加无穿透条件,即在邻近物面的有限体积单元上,计算沿物面的通量积分时应用法向速度为零的条件:

$$\boldsymbol{q} \cdot \boldsymbol{S} = 0$$

则穿过 S 的通量为

$$\bar{\bar{F}}_{ki} \cdot \boldsymbol{n}_{ki} S_{ki} = \begin{bmatrix} 0 \\ p_0 S_x \\ p_0 S_y \\ p_0 S_z \\ 0 \end{bmatrix} \qquad (4.14)$$

式中,p_0 为物面 B 点的压强。上式中只需要知道 p_0 的值就可以了,但 Jameson 的有限体积法中的变量只定义在格心,可以通过外插的方法得到 p_0 的值(图 4.4)。

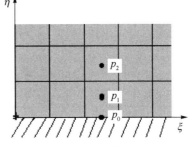

$$p_0 = \frac{3}{2}p_1 - \frac{1}{2}p_2 \qquad (4.15)$$

图 4.4 物面边界处理示意图

3. 边界处理的其他问题

对于亚声速计算时,物体所产生的扰动会传播得很远,而实际计算时,所取的计算区域却是有限的。因此,对于二维升力问题,如果远场边界取得不太远,则需要考虑环量诱导速度场的修正。修正方法可以采用 Thomas 和 Salas 提出的方法[72],利用小扰动方程,对远场边界处的来流值进行修正。

4.2.4 耗散模型

本文采用 Jameson 的有限体积法是建立在中心差分基础上的,相邻格子交接面处的数值通量采用取平均计算的式(4.8),这种格式对矩形网格相当于二阶精度中心差分。中心差分格式具有奇偶失联的缺陷,无法阻尼耗散计算中出现的误差,使得在定常解中存在着数值振荡。因此,需要在半离散方程式(4.9)中增加耗散项,使其能够在激波附近抑制解的振荡[73],在光滑区阻尼高频误差,对解的线性稳定和收敛于定常解是非常有利的。

本文所采用的基本耗散模型,最早是由 Jameson 等[64]提出,而后被广泛采用和改型。本节引进二阶和四阶融合的附加耗散项,即自适应耗散。它能够在光滑区自动用四阶耗散,不仅可以阻尼高频误差,而且不损失格式精度;在激波附近自动用二阶耗散,以抑制解的振荡。

将 Euler 方程半离散公式改写为

$$V_{i,j,k} \frac{\mathrm{d}}{\mathrm{d}t} W_{i,j,k} + Q_{i,j,k} - D_{i,j,k} = 0 \tag{4.16}$$

式中,(i,j,k) 表示第 k 个单元。在三维情况下,附加的耗散项 $D_{i,j,k}$ 为

$$D_{i,j,k} = d_{i+\frac{1}{2},j,k} - d_{i-\frac{1}{2},j,k} + d_{i,j+\frac{1}{2},k} - d_{i,j-\frac{1}{2},k} + d_{i,j,k+\frac{1}{2}} - d_{i,j,k-\frac{1}{2}}$$

$$\tag{4.17}$$

d 为耗散通量,例如 $d_{i,j,k+\frac{1}{2}}$ 为

$$d_{1,j,k+\frac{1}{2}} = \alpha_{i,j,k+\frac{1}{2}} (\varepsilon_{i,j,k+\frac{1}{2}}^{(2)} \delta_z W_{i,j,k} - \varepsilon_{i,j,k+\frac{1}{2}}^{(4)} \delta_{zzz} W_{i,j,k-1}) \tag{4.18}$$

式中,

$$\delta_z W_{i,j,k} = W_{i,j,k+1} - W_{i,j,k}$$

$$\begin{aligned}
\delta_{zzz} W_{i,j,k-1} &= W_{i,j,k+2} - 3W_{i,j,k+1} + 3W_{i,j,k} - W_{i,j,k-1} \\
&= (W_{i,j,k+2} - W_{i,j,k+1}) - 2(W_{i,j,k+1} - W_{i,j,k}) \\
&\quad + (W_{i,j,k} - W_{i,j,k-1}) \\
&= \delta_z W_{i,j,k+1} - 2\delta_z W_{i,j,k} + \delta_z W_{i,j,k-1}
\end{aligned}$$

$$\alpha_{i,j,k+\frac{1}{2}} = \frac{1}{2} \left(\frac{V_{i,j,k}}{\Delta t_{i,j,k}^*} + \frac{V_{i,j,k+1}}{\Delta t_{i,j,k+1}^*} \right)$$

式中,Δt^* 是 C.F.L 数取 1 时的时间步长。系数 $\varepsilon^{(2)}$ 和 $\varepsilon^{(4)}$ 用于自动适应当地流动梯度,其表达式为

$$\varepsilon_{i,j,k+\frac{1}{2}}^{(2)} = \tau^{(2)} \max(v_{i,j,k+2}, v_{i,j,k+1}, v_{i,j,k}, v_{i,j,k-1})$$

$$\varepsilon_{i,j,k+\frac{1}{2}}^{(4)} = \max(0, \ \tau^{(4)} - \varepsilon_{i,j,k+\frac{1}{2}}^{(2)})$$

式中,$\tau^{(2)}$ 和 $\tau^{(4)}$ 为耗散系数,一般取值为

$$\tau^{(2)} = \frac{1}{4} \sim \frac{1}{2}$$

$$\tau^{(4)} = \frac{1}{128} \sim \frac{1}{64}$$

激波感受因子 $\lambda_{i,j,k}$ 用来探测当地压力梯度,取

$$\lambda_{i,j,k} = \frac{|p_{i,j,k+1} - 2p_{i,j,k} + p_{i,j,k-1}|}{|p_{i,j,k+1} + 2p_{i,j,k} + p_{i,j,k-1}|}$$

在流动光滑区,λ 与网格尺寸的平方成正比,因此,$\varepsilon^{(2)}$ 很小,且小于 $\tau^{(4)}$,d 为三阶;但在激波区,λ 为零阶,这时四阶耗散自动关闭,使耗散通量 d 变为一阶,有限体积格式也只具有一阶精度。

4.2.5　四步 Runge‑Kutta 显式时间推进格式

本文时间推进过程四步 Runge‑Kutta 格式[64]。附加耗散项后的半离散 Euler 方程也可以写为

$$\frac{\mathrm{d}W}{\mathrm{d}t} = R(W) \tag{4.19}$$

式中,$R(W) = -\dfrac{1}{V}[Q(W) - D(W)]$ 为残值。

为了获得四步 Runge‑Kutta 推进格式中的相关系数,考虑模型方程:

$$\frac{\mathrm{d}W}{\mathrm{d}t} = RW$$

此处认为上式中 R 是常数。时间的 Crank‑Nicolson 格式可写为

$$\frac{W^{n+1} - W^n}{\Delta t} = RW^{n+\frac{1}{2}} \tag{4.20}$$

式中,$W^{n+\frac{1}{2}}$ 是未知的。用反复迭代确定 $W^{n+\frac{1}{2}}$,则得到下述 Runge‑Kutta 格式:

$$
\begin{aligned}
W^{(0)} &= W^n \\
W^{(1)} &= W^{(0)} + \alpha_1 \Delta t R W^{(0)} \\
W^{(2)} &= W^{(0)} + \alpha_2 \Delta t R W^{(1)} \\
W^{(3)} &= W^{(0)} + \alpha_3 \Delta t R W^{(2)} \\
W^{(4)} &= W^{(0)} + \alpha_4 \Delta t R W^{(3)} \\
W^{n+1} &= W^{(4)}
\end{aligned}
\tag{4.21}
$$

式中,α_1、α_2、α_3、α_4 等系数待定,现根据格式的精度要求来确定这四个系数。

已知模型方程的精确解为

$$W = e^{Rt}$$

令

$$\xi = R\Delta t$$

则有

$$\frac{W^{n+1}}{W^n} = e^{R\Delta t} = e^{\xi} = 1 + \xi + \frac{1}{2!}\xi^2 + \frac{1}{3!}\xi^3 + \frac{1}{4!}\xi^4 + \cdots$$

对上述 Runge‐Kutta 格式,有

$$\frac{W^{(1)}}{W^{(0)}} = 1 + \alpha_1\xi$$

$$\frac{W^{(2)}}{W^{(0)}} = 1 + \alpha_2\xi\frac{W^{(1)}}{W^{(0)}} = 1 + \alpha_2\xi(1 + \alpha_1\xi)$$

$$\frac{W^{(3)}}{W^{(0)}} = 1 + \alpha_3\xi\frac{W^{(2)}}{W^{(0)}} = 1 + \alpha_3\xi[1 + \alpha_2\xi(1 + \alpha_1\xi)]$$

所以有

$$\frac{W^{n+1}}{W^n} = \frac{W^{(4)}}{W^{(0)}}$$

$$= 1 + \alpha_4\xi\frac{W^{(3)}}{W^{(0)}}$$

$$= 1 + \alpha_4\xi\{1 + \alpha_3\xi[1 + \alpha_2\xi(1 + \alpha_1\xi)]\}$$

$$= 1 + \alpha_4\xi + \alpha_3\alpha_4\xi^2 + \alpha_2\alpha_3\alpha_4\xi^3 + \alpha_1\alpha_2\alpha_3\alpha_4\xi^4$$

与上述精确的增长因子比较,准确到 $O(t^4)$ 或 $O(\xi^4)$,则待定系数可选:

$$\alpha_4 = 1,\ \alpha_3 = \frac{1}{2},\ \alpha_2 = \frac{1}{3},\ \alpha_1 = \frac{1}{4} \tag{4.22}$$

所以,上述由式(4.21)和式(4.22)确定的四步 Runge‐Kutta 格式对时间有四阶精度。

在有限体积法中:

$$R(W) = -\frac{1}{V}[Q(W) - D(W)]$$

含有人工耗散项,因此,实际使用的 Runge‐Kutta 格式也应添加耗散项。但在推进过程中,耗散项的计算很复杂,计算量也很大。为了提高计算效率,只在第一步计算耗散项,以后各步"冻结"耗散项。实践也证明这种处理方

式可以大大提高计算效率。所以实际使用的四步格式为

$$W^{(0)} = W^n$$

$$W^{(1)} = W^{(0)} - \alpha_1 \frac{\Delta t}{V} [Q(W^{(0)}) - D(W^{(0)})]$$

$$W^{(2)} = W^{(0)} - \alpha_2 \frac{\Delta t}{V} [Q(W^{(1)}) - D(W^{(0)})]$$

$$W^{(3)} = W^{(0)} - \alpha_3 \frac{\Delta t}{V} [Q(W^{(2)}) - D(W^{(0)})] \tag{4.23}$$

$$W^{(4)} = W^{(0)} - \alpha_4 \frac{\Delta t}{V} [Q(W^{(3)}) - D(W^{(0)})]$$

$$W^{n+1} = W^{(4)}$$

4.2.6　加速收敛措施

1. 当地时间步长

在求解非定常 Euler 方程时,时间是真实的物理时间,时间方向推进的步长 Δt 受到全场稳定性条件的限制,即在网格最密的地方,允许的 Δt 很小;在网格较粗的地方 Δt 可以取得很大。如果全流场计算都取相同的 Δt,那么只能取最小的 Δt,因而推进得就很慢。在求解定常 Euler 方程时,时间是拟时间,而且对定常流计算,不要求得到准确的流场发展时间历程,只要求得到最终的稳态解。为此,全流场不必取统一的 Δt,而是每处的 Δt 就取当地稳定性条件所允许的最大值,这可以大大加速全场推进过程,减少机时。

现在按当地 CFL 条件确定实际应用的时间步长,利用局部线化的 Euler 方程进行分析,即

$$\frac{\partial Q}{\partial t} + A \frac{\partial Q}{\partial x} + B \frac{\partial Q}{\partial y} = 0$$

式中,

$$A = \begin{bmatrix} u & \rho & 0 & 0 \\ 0 & u & 0 & 1/\rho \\ 0 & 0 & u & 0 \\ 0 & \rho c^2 & 0 & u \end{bmatrix}$$

$$\boldsymbol{B} = \begin{bmatrix} v & 0 & \rho & 0 \\ 0 & v & 0 & 0 \\ 0 & 0 & v & 1/\rho \\ 0 & \rho c^2 & v \end{bmatrix}$$

转化为曲线坐标系,有

$$\frac{\partial Q}{\partial t} + (\boldsymbol{A}\xi_x + \boldsymbol{B}\xi_y)\frac{\partial Q}{\partial \xi} + (\boldsymbol{A}\eta_x + \boldsymbol{B}\eta_y)\frac{\partial Q}{\partial \eta} = 0$$

考虑一维方向,即考虑:

$$\frac{\partial Q}{\partial t} + \hat{\boldsymbol{A}}\frac{\partial Q}{\partial \xi} = 0$$

式中,

$$\hat{\boldsymbol{A}} = \boldsymbol{A}\xi_x + \boldsymbol{B}\xi_y = \begin{bmatrix} U & \xi_x\rho & \xi_y\rho & 0 \\ 0 & U & 0 & \xi_x/\rho \\ 0 & 0 & U & \xi_y/\rho \\ 0 & \xi_x\rho c^2 & \xi_y\rho c^2 & U \end{bmatrix}$$

式中,

$$U = \boldsymbol{q} \cdot \nabla \xi = u\xi_x + v\xi_y$$

为逆变速度分量。

$\hat{\boldsymbol{A}}$ 的四个特征值为

$$\lambda_{1,2} = U$$

$$\lambda_{3,4} = U \pm c|\nabla \xi|$$

由 CFL 条件($\Delta\xi$ 取 1)得

$$\Delta t_\xi = \frac{\Delta\xi}{\max_l |\lambda_l|} = \frac{1}{|U| + c|\nabla\xi|} = \frac{\dfrac{1}{J}}{\dfrac{|u\xi_x + v\xi_y|}{J} + c\sqrt{\left(\dfrac{\xi_x}{J}\right)^2 + \left(\dfrac{\xi_y}{J}\right)^2}}$$

式中,J 为雅可比(Jacobian)系数。

利用度规系数在有限体积法中的形式,得

$$\Delta t_{\xi} = \frac{V}{|Q_x| + c\sqrt{(S^{(1)})_i^2 + (S^{(2)})_i^2}}$$ (4.24)

式中，

$$Q_x = \frac{(\rho u)(S^{(1)})_i + (\rho v)(S^{(2)})_i^2}{\rho}$$ (4.25)

同理可得出 Δt_η。

对于一般二维问题有

$$\Delta t = C\left(\frac{1}{\Delta t_\xi} + \frac{1}{\Delta t_\eta}\right)^{-1}$$ (4.26)

对于一般三维问题有

$$\Delta t = C\left(\frac{1}{\Delta t_\xi} + \frac{1}{\Delta t_\eta} + \frac{1}{\Delta t_\zeta}\right)^{-1}$$ (4.27)

式中，C 为 Courant 数。

2. 残值光顺

在 Runge – Kutta 时间推进中，残值 R 用光顺后的残值 $\bar{R}$ 代替，可以加快收敛速度。一般用隐式光顺，即 $\bar{R}$ 不是简单地对邻近值取平均得到，而是求解下列方程：

$$\bar{R} = R + \varepsilon\nabla^2\bar{R}$$ (4.28)

式中，ε 为光顺系数。

残值光顺实际上是扩大了 $n+1$ 时间层上的值在 n 时间层上的依赖区，因此，允许更大的时间步长，而不破坏 CFL 条件，是一种十分有效的加速收敛方法。

3. 焓阻尼

另外一种加速收敛的措施是焓阻尼。在定常无黏流中，总焓 H 沿流线是常数。如果流线均起源于前方的均匀自由流，这里的总焓 H_∞ 为常值，则定常无黏流中的总焓将处处为常数，并等于 H_∞。焓阻尼就是取当时当地的总焓 H 与定常值总焓 H_∞ 之差 $H - H_\infty$，并假设守恒变量 W 随时间的变化与此差值成正比，即

$$\frac{\partial W}{\partial t} + \beta_1 W(H - H_\infty) = 0$$ (4.29)

式中, β_1 为用户选取的常数,利用该式改进 Runge-Kutta 循环中的最后一步的结果。用上标"~"表示 Runge-Kutta 循环最后一步的结果,有

$$W^{n+1} - \tilde{W} + \beta_1 \Delta t W^{n+1}(\tilde{H} - H_\infty) = 0$$

解得

$$W^{n+1} = \frac{\tilde{W}}{1 + \beta_1 \Delta t(\tilde{H} - H_\infty)} \tag{4.30}$$

上式仅用于连续和动量方程,对能量方程,需稍作改变,采用:

$$e^{n+1} - \tilde{e} + \beta_1 \Delta t(e^{n+1} + \tilde{p} - \tilde{\rho} H_\infty) = 0$$

解出

$$e^{n+1} = \frac{1}{1 + \beta_1 \Delta t}[\tilde{e} - \beta_1 \Delta t(\tilde{p} - \tilde{\rho} H_\infty)] \tag{4.31}$$

实践表明,焓阻尼对收敛特性的影响相对比较弱,没有前面几种措施有效。

4.3 三维 N‑S 方程计算

4.3.1 N‑S 方程的一般形式

真实情况下,流体是有黏性的,而且对于飞机人椅系统的影响是不可忽略的,因此,对飞机人椅系统的数值模拟最终需要求解 N‑S 方程。本文以三维可压缩流非定常 N‑S 方程组为控制方程。直角坐标下 N‑S 方程的无量纲形式可以表示为

$$\frac{\partial \boldsymbol{W}}{\partial t} + \frac{\partial \boldsymbol{E}}{\partial x} + \frac{\partial \boldsymbol{F}}{\partial y} + \frac{\partial \boldsymbol{G}}{\partial z} = \frac{1}{Re}\left(\frac{\partial \boldsymbol{E}_v}{\partial x} + \frac{\partial \boldsymbol{F}_v}{\partial y} + \frac{\partial \boldsymbol{G}_v}{\partial z}\right) \tag{4.32}$$

式中, $\boldsymbol{W}$ 为守恒变量通量; $\boldsymbol{E}$、$\boldsymbol{F}$、$\boldsymbol{G}$ 为无黏通量; $\boldsymbol{E}_v$、$\boldsymbol{F}_v$、$\boldsymbol{G}_v$ 为有黏通量。其具体形式为

$$\boldsymbol{W} = \begin{pmatrix} \rho \\ \rho u \\ \rho v \\ \rho w \\ e \end{pmatrix} \qquad \boldsymbol{E} = \begin{pmatrix} \rho u \\ \rho u^2 + p \\ \rho uv \\ \rho uw \\ (e+p)u \end{pmatrix}$$

$$F = \begin{pmatrix} \rho v \\ \rho uv \\ \rho v^2 + p \\ \rho vw \\ (e+p)v \end{pmatrix} \qquad G = \begin{pmatrix} \rho w \\ \rho uw \\ \rho vw \\ \rho w^2 + p \\ (e+p)v \end{pmatrix}$$

$$E_v = \begin{pmatrix} 0 \\ \tau_{xx} \\ \tau_{xy} \\ \tau_{xz} \\ K_\tau \dfrac{\partial T}{\partial x} + u\tau_{xx} + v\tau_{xy} + w\tau_{xz} \end{pmatrix} \qquad F_v = \begin{pmatrix} 0 \\ \tau_{xy} \\ \tau_{yy} \\ \tau_{yz} \\ K_\tau \dfrac{\partial T}{\partial y} + u\tau_{xy} + v\tau_{yy} + v\tau_{yz} \end{pmatrix}$$

$$G_v = \begin{pmatrix} 0 \\ \tau_{xz} \\ \tau_{yz} \\ \tau_{zz} \\ K_\tau \dfrac{\partial T}{\partial z} + u\tau_{xz} + v\tau_{yz} + v\tau_{zz} \end{pmatrix}$$

$$K_\tau = \left(\frac{\mu_l}{Pr_l} + \frac{\mu_t}{Pr_t} \right)(\gamma - 1)Ma_\infty^2$$

式中，x、y、z 为直角坐标；u、v、w 为直角坐标下的速度分量；ρ、p、e、T 分别为密度、压力、内能、温度，其中，

$$e - \frac{1}{\gamma - 1}p + \frac{1}{2}\rho(u^2 + v^2 + w^2)$$

$$T = \frac{p}{(\gamma - 1)\rho}$$

式中，Pr_l 为相应的普朗特数，Pr_t 为湍流普朗特数，一般对空气 $Pr_l = 0.72$，$Pr_t = 0.9$；μ_t 为湍流黏性系数，由湍流模型确定；μ_l 为分子黏性系数，由 Sutherland 公式确定：

$$\frac{\mu_l}{\mu_\infty} = \left(\frac{T}{T_\infty} \right)^{1.5} \cdot \left(\frac{T_s + T_\infty}{T + T_\infty} \right) \tag{4.33}$$

式中,T_∞ 为自由流温度值;T_s 为有效温度,也称为 Sutherland 常数,对空气,T_s 为 110.6。τ_{xx}、τ_{xy}、τ_{yy}、τ_{xz}、τ_{yz}、τ_{zz} 为应力项,分别是

$$\tau_{xx} = \lambda (u_x + \nu_y + w_z) + 2\mu u_x$$

$$\tau_{xy} = \mu (u_y + \nu_x) = \tau_{yx}$$

$$\tau_{xz} = \mu (u_z + w_x) = \tau_{zx}$$

$$\tau_{yy} = \lambda (u_x + \nu_y + w_z) + 2\mu \nu_y$$

$$\tau_{yz} = \mu (\nu_z + w_y) = \tau_{zy}$$

$$\tau_{zz} = \lambda (u_x + \nu_y + w_z) + 2\mu w_z$$

式中,

$$\mu = \mu_l + \mu_t$$

$$\lambda = -\frac{2}{3}\mu$$

对层流,以上方程中 μ 均取值为零。

对于式(4.32),当方程右端即有黏项等于零时,方程退化为 Euler 方程式(4.1)。因此,在 Euler 方程解算器基础上发展 N－S 方程解算器相对来说比较简单,有许多处理方法可以沿用。

4.3.2　边界条件

对于飞机人椅系统这类非流线型钝体外形绕流,主要有如下几类边界条件。

1. 物面边界条件

物理特性用来确定物面的边界条件,在连续介质假设下,在物面上应采用无滑移边界条件[75],即流体相对物面的速度为零,这与无黏流不一样。其具体表现形式为

$$\boldsymbol{V} = \boldsymbol{V}_w$$

对于绝热壁面有

$$T = T_w$$

将其带入动量方程,得到如下的方程:

$$\frac{\partial p}{\partial n} = (\vec{\nabla} \cdot \bar{\tau})_n$$

式中, n 为物面法向方向。在高雷诺数下, 剪切层比较薄, 根据边界层假设, 上述公式可以写为

$$\frac{\partial p}{\partial n} = 0$$

上式可以作为压力边界条件。

2. 对称面边界条件

对于几何和流动完全对称的情况下, 可以采用对称边界只计算其中的一半, 这样可以减少一半的计算量, 这对于三维问题非常有意义。物理量在对称面边界上有如下特征: 一是沿对称面法向速度为零, 二是所有物理量沿对称面法向梯度为零。如果设 XOY 面为对称面则有

$$(\rho, u, v, w, \rho e)\big|_{-z} = (\rho, u, v, -w, \rho e)\big|_z$$

3. 远场边界条件

对于远场边界条件, 我们仍然采用无反射边界条件。它需要根据边界附近流场信息传播的性质来确定, 因此, 需对边界附近流动进行特征分析。

亚声速远场边界是利用一维问题的特征关系来处理的。沿着特征线:

$$\lambda = V_n \pm a$$

方向, 存在 Riemann 不变量, 即

$$R = V_n \pm 2a/(\gamma - 1)$$

式中, V_n 是边界上的外法向速度分量。令

$$\begin{cases} R_\infty = V_{n\infty} - 2a_\infty/(\gamma - 1) \\ R_e = V_{ne} + 2a_e/(\gamma - 1) \end{cases}$$

式中, 下标 ∞ 表示无穷远处的值; 下标 e 表示从内点外插到边界上的值, 由上式可求得边界上的法向速度 V_{nb} 和声速 a_b, 即

$$\begin{cases} V_{nb} = 0.5(R_e + R_\infty) \\ a_b = \dfrac{\gamma - 1}{4}(R_e - R_\infty) \end{cases}$$

切向速度分量 $V_{\tau b}$ 有

$$\begin{cases} V_{\tau b} = V_{\tau e}（出流边界） \\ V_{\tau b} = V_{\tau \infty}（入流边界） \end{cases}$$

沿着特征线：

$$\lambda = V_n$$

方向，存在 Riemann 不变量：

$$S = P / \rho^{\gamma}$$

所以有

$$\begin{cases} S_b = S_e（出流边界） \\ S_b = S_\infty（入流边界） \end{cases}$$

由 ρ、p、S、a、V 等的关系，经推算得

$$\begin{cases} \rho_b = \left[a_b^2 / (\gamma S_b) \right]^{1/(\gamma-1)} \\ p_b = S_b \rho_b^{\gamma} \end{cases}$$

这样，亚声速远场边界就完全确定了。

对于超声速远场边界，经流动特征分析知，入流边界完全由来流值决定，出流边界的所有参数由流场内部值确定。

4.3.3　有限体积法

本文在模拟飞机人椅系统绕流时将采用 Euler 方程与 N-S 方程混合解算器（将在 4.4 节中描述），为使方程求解方法一致、程序简洁，而且便于数据在不同的方程间有效传递，本文的 N-S 方程有限体积解法是基于 Euler 方程有限体积解法发展起来的，即都是基于 Jameson 的格心有限体积法[76-78]。非结构网格中的节点数与单元数之比，三维问题为 $(1:4) \sim (1:6)$，因此，格心格式在计算量上比格点格式有一定的优势，而且占用内存少。

在格心有限体积公式中，流动变量储存在网格单元中心。将积分形式的 N-S 方程应用到第 k 个单元并进行离散，得到半离散型 N-S 方程：

$$V_k \frac{\mathrm{d}W_k}{\mathrm{d}t} = - \sum_{i=1}^{N} (E S_x + F S_y + G S_z) + \sum_{i=1}^{N} \frac{1}{Re}(E_v S_x + F_v S_y + G_v S_z) + D_K$$

$$(4.34)$$

式中，V_k 为单元（cell）体积；W_k 为单元中心处守恒变量；S_x、S_y、S_z 分别是单元侧面（face）的面积在其外法线 x、y、z 方向的投影。求和是对单元的面进行的，对于混合网格，N 是变化的，若单元为四面体，则 $N=4$；若单元为五面体（金字塔与三棱柱形单元），则 $N=5$；若为六面体，则 $N=6$。面上的通量值仍取相邻单元值的算术平均。右端用于阻尼解的振荡的附加耗散项 D_k 的选取方式仍为 4.2 节中的自适应耗散，此处不再赘述。

黏性通量 E_v、F_v、G_v 中的速度导数项通过对单元运用 Green 公式转换成对面的变量积分求得，如

$$\left.\frac{\partial u}{\partial x}\right|_{\text{cell}_i} = \frac{1}{V_i} \sum_1^N \left(u\big|_{\text{face}} \cdot S_x \right)$$

$$\left.\frac{\partial u}{\partial y}\right|_{\text{cell}_i} = \frac{1}{V_i} \sum_1^N \left(u\big|_{\text{face}} \cdot S_y \right)$$

$$\left.\frac{\partial u}{\partial z}\right|_{\text{cell}_i} = \frac{1}{V_i} \sum_1^N \left(u\big|_{\text{face}} \cdot S_z \right)$$

式中，V_i、S_x、S_y、S_z、N 的定义同上，单元面上的速度分量取相邻两侧单元值的平均。对 E_v、F_v、G_v 中 $\frac{\partial v}{\partial x}$、$\frac{\partial v}{\partial y}$、$\frac{\partial v}{\partial z}$、$\frac{\partial w}{\partial x}$、$\frac{\partial w}{\partial y}$、$\frac{\partial w}{\partial z}$ 项也运用上述方式得到。在求得单元上的 E_v、F_v、G_v 值后，单元面上 E_v、F_v、G_v 值同样取两侧单元值的平均。

对上述半离散方程，时间积分同样采用用四步 Runge‒Kutta 法。

4.3.4　湍流模型

飞行器外流场绕流大多是高雷诺数下的流动，在这种条件下，需要考虑湍流脉动的影响。可以采用以下两种方法使雷诺平均 N‒S 方程封闭[79‒81]。

（1）涡黏性系数模型（eddy-viscosity models，EVM）。

采用 Boussinesq 假设，通过涡黏性系数 μ（湍流黏性系数）与主流量之间的关系来模拟雷诺应力 τ_{ij}^R，即

$$\tau_{ij}^R \equiv -\rho \,\overline{u_i' u_j'} = \mu\left[\left(\frac{\partial U_i}{\partial x_j} + \frac{\partial U_j}{\partial x_i} \right) - \frac{2}{3}\frac{\partial U_k}{\partial x_k}\delta_{ij} \right] - \frac{2}{3}\rho k \delta_{ij} \qquad (4.35)$$

（2）雷诺应力模型（Reynolds-stress models，RSM）。

该模型为求解雷诺应力的单独的输运方程。它不需要引入湍流黏性系

数,而且无各向同性假设。

尽管雷诺应力模型物理基础更加坚实,但是其更加复杂且计算量很大,因此,目前大多采用第一种方法求解三维复杂工程问题。研究者基于第一种方法推导出了许多类型的湍流模型来计算湍流黏性系数 μ。Spalart – Allmaras 模型[79](S – A 模型)是目前求解高雷诺数问题比较成功的湍流模型之一,而且计算量不大。本文也将采用这种湍流模型来模拟飞机人椅系统的绕流问题,这种模型只需对修正湍流黏性系数 $\tilde{v}$ 求解一个偏微分方程,它是通过经验公式和量纲分析推导出来的。该微分方程的形式为

$$\frac{\mathrm{D}\tilde{v}}{\mathrm{D}t} = c_{b1}\tilde{S}\tilde{v} - c_{w1}f_w\left(\frac{\tilde{v}}{d}\right)^2 + \frac{1}{\sigma}\{\nabla\cdot[(v+\tilde{v})\nabla\tilde{v}] + c_{b2}(\nabla\tilde{v})^2\}$$

(4.36)

湍流黏性系数可以从下式得到:

$$v = \frac{\mu}{\rho} = \tilde{v}f_{v1}, \quad f_{v1} = \frac{\chi^3}{\chi^3 + c_{v1}^3}, \quad \chi = \frac{\tilde{v}}{v}$$

(4.37)

S 为涡量大小,其表达式为

$$S = |\boldsymbol{\omega}| = |\nabla\times(u\boldsymbol{i} + v\boldsymbol{j} + w\boldsymbol{k})|$$

(4.38)

修正后的涡量表达式:

$$\tilde{S} = S + \frac{\tilde{v}}{k^2d^2}f_{v2}, \quad f_{v2} = 1 - \frac{\chi}{1 + \chi f_{v1}}$$

(4.39)

式中,d 为到物面的最近距离。壁面破裂函数 f_w 为

$$f_w = g\left(\frac{1 + c_{w3}^6}{g^6 + c_{w3}^6}\right)^{\frac{1}{6}}$$

(4.40)

式中,

$$g = r + c_{w2}(r^6 - r), \quad r = \frac{\tilde{v}}{\tilde{S}k^2d^2}$$

(4.41)

上述各式中的模型常数分别为

$$c_{b1} = 0.135\,5, \quad \sigma = \frac{2}{3}, \quad c_{b2} = 0.622, \quad k = 0.41$$

$$c_{w1} = \frac{c_{b1}}{k^2} + \frac{(1 + c_{b2})}{\sigma}, \quad c_{w2} = 0.3, \quad c_{w3} = 2, \quad c_{v1} = 7.1$$

(4.42)

在数值求解上述方程时,先对上述方程积分,然后采用有限体积法求解。

4.3.5　时间步长的选取

为了加速解的收敛,我们在采用多步 Runge－Kutta 推进时采用当地时间步长。对黏性流,时间步长需考虑无黏和有黏两部分,单元 K 的无黏时间步长由下列公式求出:

$$\Delta t\mid_{\text{无黏}} = \frac{V \cdot Ma_0 \cdot C}{\max\limits_{\text{面}1 \sim N}\{aS + \mid uS_x + vS_y + wS_z \mid\}} \tag{4.43}$$

式中,V 是单元体积;对无黏流,Ma_0 一般取为 $0.5 \sim 0.7$;C 是多步 Runge－Kutta 格式的 Courant 数。

考虑黏性,由于在边界层内黏性影响很大,在壁面附近需要用高展弦比网格,如果在这些地方光使用无黏时间步长,即使将乘子 Ma_0 取得很小(小于 0.1),也经常会出现数值不稳定现象。另外,用这么小的乘子,对解的收敛速度也会起负面影响。为了保证解的数值稳定性,需要在黏性很大的区域使用特别的有黏时间步长,经分析,表达式如下:

$$\Delta t\mid_{\text{黏性}} = \beta_1 \left(\frac{h^2}{6v}\right) \tag{4.44}$$

式中,

$$v = \frac{\mu}{\rho}$$

为运动黏性系数,β_1 为小于 1 的乘子,h 可以取作单元的最小边长,这里取单元的高度作为一个等效值,四面体单元有

$$h = 3 \left(\frac{V}{S_{\max}}\right) \tag{4.45}$$

式中,$S_{\max}$ 是单元的最大侧面面积。经分析发现用单元最小高度来估计黏性时间步长远比用单元最小边长更加有效。因为单元高度更能反映单元的形状,一个边长近乎相等的单元有可能被压成很扁,用最小边长就无法捕捉到单元这一特性。

单元当地时间步长取为当地无黏时间步长和黏性时间步长的最小值,即

$$\Delta t = \min\{\Delta t\mid_{\text{无黏}}, \Delta t\mid_{\text{黏性}}\}$$

4.4 飞机人椅系统数值模拟

4.4.1 几何模型与网格

常见飞行器大多是流线型几何外形,起码也是比较规则的几何外形,而飞机人椅系统由于其工作的特殊性,其几何外形是比较复杂的不规则非流线型钝体外形,因此,飞机人椅系统绕流数值模拟比一般的飞行器绕流计算要困难得多。

计算中所采用的人椅系统外形基本上跟风洞试验使用的模型外形相同,图4.5所示是采用UG建立的三维计算用几何模型,共分为座椅、人体以及出舱稳定装置等三部分。

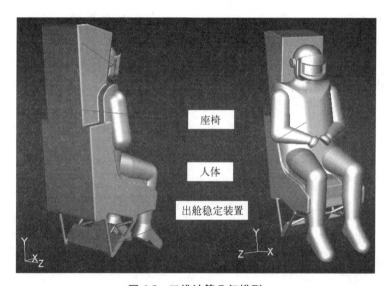

图4.5 三维计算几何模型

实际模型中人体与座椅之间有一些小的缝隙,这些小的缝隙对流场总的特性影响不大,因此,计算中对这些小的缝隙略微做了简化,使网格生成更加容易,网格质量更高,总网格数更少。如果计算机能力足够强,也可以保留这些小的缝隙,不过最小网格尺寸将更小,总网格数将增加。

本节对飞机人椅系统在大迎角范围(0°~360°)进行计算,计算纵向空气动力特性,即无侧滑流动时,由于人椅系统模型左右对称,因而流场特性是左右对称的。因此,计算时可以只取一半模型进行计算,在对称面上采用对称边界条件(4.3.2 节)即可,这样比全模计算可以减少一半的计算量。为了一次生成所有状态可用的计算网格,计算域取球形,球心在模型的中心,半径为参考长度的 8 倍。本文采用非结构网格生成技术,在上述计算域中生成非结构化的混合网格。采用的主要方法是阵面推进法,即网格和节点同时生成的非结构网格生成方法[82-84],它是由边界向区域内部进行的,无边界破坏问题,边界附近的网格质量较高。生成的网格一般要求如下:

(1) 网格数量/网格分辨率要足够,这将直接影响计算的精度问题,当然它还受计算机能力的限制;

(2) 网格分布要合理,过渡要缓和,物理量变化比较剧烈的地方网格要加密以分辨其梯度,从密到疏的过渡要缓和,保证物理量的光滑过渡,否则容易引起解的跳动;

(3) 网格扭曲率要低,展弦比不宜过大,这是评判网格好坏的一条重要指标,扭曲率或展弦比过大容易带来大的误差,甚至影响解的收敛,这对复杂外形的计算影响比较明显。扭曲率 s 定义为

$$s = \max\left[\frac{\alpha_{\max} - \alpha_0}{180 - \alpha_0}, \frac{\alpha_0 - \alpha_{\min}}{\alpha_0}\right]$$

式中,$\alpha_{\max}$、$\alpha_{\min}$ 分别为网格面上边与边夹角的最大和最小值,三角形时 α_0 为 $60°$,四边形时 α_0 为 $90°$。

扭曲率 s 变化范围为 0~1,小于 0.8 比较好,非关键位置可以放宽到 0.9,一般认为大于 0.95 是比较差的。

本文针对飞机人椅系统模型生成了四面体、五面体的混合非结构网格,在模型较规则的面上生成四边形网格,不规则区域生成三角形网格,向空间生成的三维网格是四面体和五面体,这样生成比较简单,且网格质量高[74]。半模网格单元数为 65.2 万,扭曲率基本上都在 0.8 以下,个别点为 0.83。图 4.6 给出了外边界网格分布图,图 4.7 给出了模型表面与对称面以及部分放大位置上的网格分布图,总的来说比较理想。

此外,本文对飞机人椅系统侧滑姿态进行了数值模拟计算,此时流场特性不再是左右对称的(相对于人体而言)。因此,也就不能像计算纵向空气动力特性那样采用半模来进行计算,而是需要对整个人椅系统模型进行网格

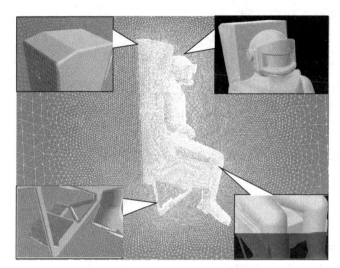

图 4.6　人椅组合体表面及对称面网格图

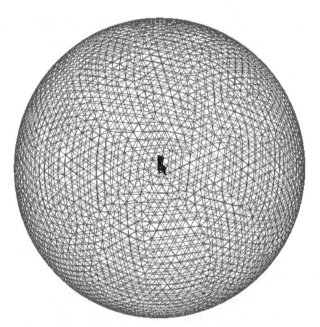

图 4.7　外边界网格分布

生成。计算域仍取球形,球心在模型的中心,半径为参考长度的 8 倍。生成的非结构网格单元数量为 76 万。本文采用所发展的解算器对 16 个侧滑工况进行了数值计算(表 4.1 为计算工况列表)。计算结果清楚显示了各个工况下的压力分布(图 6.9)和速度矢量分布等(图 6.10)。

表 4.1　人椅系统侧滑姿态计算工况

序　号	Ma	α	β
1		0°	+15°
2		0°	+30°
3		0°	+45°
4	0.60	0°	+60°
5		0°	+75°
6		60°	+45°
7		60°	+75°
8		120°	+45°
9		0°	+15°
10		0°	+45°
11	0.90	0°	+75°
12		60°	+45°
13		120°	+45°
14		0°	+15°
15	1.20	0°	+45°
16		0°	+75°

4.4.2　计算过程与方法

总的来说,飞机人椅系统的数值计算比较困难,体现在:一是几何复杂;二是网格数量比较大,参数调节过程周期长;三是采用 N‐S 方程模拟实际工程问题对网格质量、算法、湍流模型等要求高。网格质量高、算法稳定是很好模拟飞机人椅系统的重要前提,但在计算这样的工程问题时还要采取一些措施。

首先,本文将发展的 Euler 方程解算器与 N‐S 方程解算器整合成一个混合型解算器。如果用 N‐S 方程解算器直接求解这个工程问题,由于大范围的气流分离导致计算很难收敛,有时尽管把 Courant 数调得很小也会经常出现发散情况,即使不发散收敛速度也很慢。而采用本文发展的混合解算器计算时,首先采用来流物理量初始化流场,用 Euler 方程计算,不考虑黏性,计算容易收敛,而且计算量小,在现在的计算机条件下调节周期很短。当残差达到控制的某个精度时,解算器会自动切换到 N‐S 方程。这时 Euler 方程的无黏物理量直接赋给 N‐S 方程中对应网格点的对应物理量,无法直接导出的有黏物理量采用来流值。然后,N‐S 方程开始计算直到收敛,最终得到的收敛解是 N‐S 方程计算得到的值。由于本文发展的 Euler 方程解算器与 N‒S 方程解算器所采用的方法一样,都是格心式有限体积法,而且推进格式也基本一致,加速收敛措施以及所选取的耗散项也基本一致,因此,混合解算器编写程序时比较简单清晰,而且从 Euler 方程切换到 N‒S 方程时比较容易,基本不出现算法不稳定问题。

总的来说,这种混合解算器在计算复杂问题时容易收敛,而且计算时间短。我们可以换一个角度理解这种处理方式的好处:如果初解比较好的情况下,非线性方程迭代过程容易收敛,而且其收敛速度快。另外,我们也确证无黏流 Euler 方程计算容易收敛,而且总计算量较小。在这两个前提下,就能很好理解混合解算器的好处,首先以速度快易收敛的 Euler 方程计算得到一个收敛或近收敛解,将此解作为 N‒S 方程计算的初解,而且这个初解肯定是一个不错的解,因此,N‒S 方程计算时容易收敛。实践也确实证明了这一点,图 4.8 为 $Ma = 0.60$、$\alpha = 270°$ 时最大残差收敛历程,在迭代 2 400 步以前是采用 Euler 方程解算器计算的过程,2 400 步时切换到 N‒S 方程解算器,残差上跳,但是跳动幅度并没有超过 Euler 方程计算时的最大值,然后残差又迅速下降,而且在大约 4 200 步时残差降到 5×10^{-4}。如果单独用 N‒S 方程解算器对其求解就很难达到这样的效果。

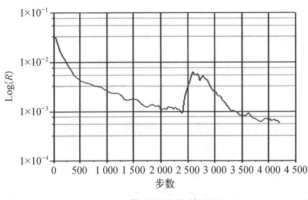

图 4.8　最大残差收敛历程

图 4.9　迎角定义示意图

另外,如果气流沿 OY 轴负向(即迎角是 270°,图 4.9)流动,由于比较平直的座椅背部与气流平行,相对来说容易求解。因此,本文计算时将 270° 迎角作为起始计算迎角,即首先计算 270° 迎角工况并得到收敛的解,然后将 270° 计算得到的解分别作为 260° 和 280° 迎角的初始值进行计算,这样容易计算 260° 和 280° 迎角的工况,因为 260° 和 280° 迎角的流场与 270° 流场的特性差别不大,可以说 270° 迎角的解作为 260° 和 280° 迎角的初解时是一个不错的初解,因而容易收敛。对于飞机人椅系统大范围迎角计算时选择一个合适的起始计算迎角是很有意义的。

本文基于初解的意义而发展的两种处理方法对计算飞机人椅系统这样复杂的绕流计算是非常有效的,也可以将这种处理方式应用到其他复杂外形绕流计算中。

第5章　人椅系统空气动力特性地面模拟试验方法

5.1　概述

在国外,飞机人椅系统在高速风洞中的测力试验通常是在 3～4.88 m 大尺寸高速风洞中进行的,模型缩比一般为(1∶5)～(1∶1),以便较为准确地模拟实际情况和得到工程实用的试验数据。国内研究者已进行过不少飞机人椅系统模型高速测力试验,但这些试验都是在 0.6 m 量级跨超声速风洞中进行的。随着先进战斗机飞行性能的提高,在小风洞中进行人椅系统模型试验满足不了高性能人椅系统研制的需求。这主要体现在,一是由于模型缩比小(1∶10),影响外形模拟;二是风洞尺寸小,限制了飞机人椅系统模型试验的迎角、侧滑角变化范围,且需要若干个天平变换接头才能实现较大迎角、侧滑角的变化,难以准确测出飞机人椅系统在宽广姿态范围所需要的空气动力特性试验数据。这些因素都会对测得的飞机人椅系统空气动力特性试验数据产生不利影响。考虑到飞机人椅系统的几何外形特点和风洞试验对试验模型的规范要求,再加上人椅系统试验要求进行的迎角和测滑角范围宽阔,拟选 1.2 m 量级以上的高速风洞进行地面模拟试验,以获得其全姿态角范围的空气动力特性。除了在风洞中的人椅系统地面模拟试验方法外,还有用火箭滑车进行人椅系统空气动力特性试验方法。本章详细叙述了在中国空气动力研究与发展中心的 1.2 m 跨超声速风洞(FL-24)建立的一种可实现飞机人椅系统迎角侧滑角双 360° 范围变化的试验方法,并简单叙述了其余试验方法。

5.2　人椅系统空气动力特性火箭滑车试验方法

在空气动力学地面试验设备中,除风洞试验设备外,火箭滑车也是一种空气动力学试验设备,是研究弹射救生设备的重要地面模拟试验设备,如图 5.1 所示。

图 5.1　弹射救生系统火箭滑车试验

它利用推力强大的火箭发动机来推动一个特制的滑车,以高速度沿着滑轨运动以模拟被测试物体的飞行情况,用高速摄像机和其他测试设备测量与记录试验数据,这些测试设备能精确测量出火箭滑车的运动速度、试验对象的运动轨迹与姿态,通过获得的试验数据可分析其空气动力特性。火箭滑车在航空航天、兵器、电子及核武器研制中都有试验需求,可用于战斗机弹射座椅、高超声速飞行器、宇宙飞船逃逸塔、航空母舰上的弹射器及电子尖端设备等的试验。其中战斗机弹射座椅,即人椅系统空气动力特性火箭滑车试验方法是一种介于风洞地面模拟试验和真实飞行之间的专门地面模拟试验方法。战斗机的人椅系统和降落伞,如果采用真实飞机在空中进行试验,就会有很大的风险性。在火箭滑车试验中,将人椅系统(弹射座椅)固定在滑车上,用滑车尾部的火箭发动机动力将人椅系统加速到预定的速度(甚至能加速至超声速),再将人椅系统和伞具弹射到空中,用高速摄像机及各种测试设备记录试验结果,就可有效分析弹射救生系统的性能,且可有效降低飞行试验的风险。火箭滑车的滑轨铺设对平整度、直线度的要求非常高,且要铺设在基础坚实的钢筋水泥路基上,其轨道宽度在 0.9~2.2 m,滑轨长度根据进行试验的需求而确定。美国是世界上建造火箭撬滑轨最多的国家,多达 20 余条。此外,世界上最大的弹射座椅制造商——英国马丁·贝克公司,于 1972 年在北爱尔兰朗福德罗齐皇家空军基地建成 6 200 ft 长的火箭撬滑轨,用于弹射座椅试验。俄罗斯、法国也建有火箭撬滑轨,我国是继美国、俄罗斯、法国、英国等四国之后建成火箭撬滑轨的国家。目前世界上建造的最长滑轨是美国的霍洛曼高速火箭滑车,其滑轨长度达 15.5 km。火箭滑车进行救生系统类试验还有气流吹袭试验、降落伞试验、座舱盖抛放试验、制动过载与座椅稳定试验等。在试验中使用各种记录仪、遥测及自动摄影等设备来测量和记录试验数据。这些设备可精确测得火箭滑车的速度、试验对象的运动轨迹及姿态,有的设备安装在试验对象上或火箭滑车上,有的则安置在地面。我国投资 6 700 万元,由中国航空救生研究所于 1993 年 6 月在湖北襄樊建成了国内第一条(亚洲唯一)的火箭撬滑轨。该滑轨全长 3 132 m,采用 1.435 m 宽的标准轨距,是国际上唯一对钢轨逐一进行精密加工后连续焊接与张拉锚固而成的滑轨,其直线度与精度达世界先进水平。该设备刚建成,就进行了我国新型飞机弹射救生系统的地面试验,滑车在火箭发动机的推动下飞速向前滑动,随着一声巨响,新型救生系统从滑车上弹射腾空而起,人椅分离,救生伞载着试验假人和座椅缓缓回落地面。

5.3　人椅系统映像半模型支撑试验方法

一般情况下飞行器都是左右对称的,从理论上讲,在无侧滑条件下其绕流场也是左右对称的,基于这一原理,可以采用半模型试验方法,即以飞行器的一半为对象来研究整个飞行器的纵向空气动力特性。由于半模型是纵向对称面靠近风洞壁板安装,洞壁边界层内低能量气流会对半模型的试验结果产生影响。另外,在测力试验时模型纵向对称面与洞壁之间要留有一定的缝隙,通过缝隙的气流窜流会对试验结果带来影响。目前对于缝隙串流对空气动力特性的影响还没有修正的方法,对于边界层的影响问题主要是从试验技术着手解决,从洞壁边界层隔除和控制两种思路出发,发展形成不同的试验方法。例如,基于隔除边界层的思路,发展了半模型垫块、半模型反射板、半模型映像等试验方法,基于边界层控制思路,则发展了半模型边界层抽吸试验方法、半模型边界层吹除试验方法和涡流发生器消除边界层试验方法。其中半模型映像试验方法适用于人造卫星、返回舱、人椅系统等钝体进行迎角为 0°~360°范围的试验。针对飞机人椅系统外形特点,对其纵向空气动力特性研究采用映像半模型试验方法比较适宜。试验模型由测力半模型和映像半模型组成。该试验方法是测力半模型通过 T 型接头与天平连接,整流罩与映像半模型固接,并连接在天平元件后面的天平杆上,天平末端以锥度配合固定在风洞侧壁转窗的底盘上,侧壁转盘可实现迎角 0° ~ 360°范围变化。采用映像法的目的是隔除试验段洞壁边界层的影响,并设计一个与测力半模型对称的映像半模,将其安装在测力半模型与洞壁之间,以更逼真地模拟模型的对称绕流。映像半模型侧壁支撑试验方法示意图如图 5.2 所示。人椅系统映像半模型侧壁支撑试验方法主要优点是结构简单,仅用一个模型,无须天平变换接头和专用的试验装置,试验也很方便。同时,还可以采取一些有效技术措施来减小侧支杆干扰和控制缝隙影响。但是,该试验方法存在一个致命弱点是只能进行纵向试验,不能做横向试验,且测力半模型与映像半模型之间的缝隙对试验数据也有影响。因此,该试验方法不能满足当今飞机高性能人椅系统空气动力特性研究的需求。该试验方法是在我国早期只有 0.6 m 跨超声速风洞时通常使用的试验方法。美国早在 20 世纪 60 年代就将这种映像半模型的概念用于再入体大迎角试验。目前,我国高速风洞已有多座 1.2 m 量级以上的高速风洞,因而基本上不再采用这种试验方法。

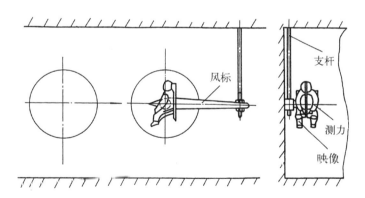

图 5.2　人椅系统映像半模试验方法示意图

5.4　人椅系统尾支撑试验方法

为了克服映像半模侧壁支撑试验方法的不足,在风洞中通常采用尾支撑方法来进行飞机人椅系统纵横向试验。全模型尾支撑方式的主要优点是可以进行飞机人椅系统模型纵横向试验,模型的几何外形能较好地模拟。

如果支杆尺寸与位置选择合适,则支杆干扰很小,可获得比较可靠的试验结果。全模型尾支撑方式的侧滑角变化范围比较小。采用如图 5.3 所示的尾支撑方式进行飞机人椅系统的空气动力特性研究,但这种支撑方式需要用若干个天平变换接头与模型连接才能实现大迎角变化,其主要问题是转换接头与天平整流罩太多,例如,实现迎角在−30°~90°范围的试验就需要五个接头和整流罩,且模型结构设计比较复杂,结构上实现起来比较困难。同时,因外式天平有整流罩,支杆干扰较大,且由于采用变换接头方式来实现大迎角变化还存在数据衔接性问题,即在搭接迎角处出现台阶现象,国外的试验研究结果[23]已证明了这点。因此,该试验研究方案也不可取。美国在20 世纪 70 年代在大风洞中采用了两种比较先进的全模尾支撑试验方法[22],如图 1.5 和图 5.4 所示,但这两种全模尾支撑装置因其结构复杂,在小风洞中均难以实现。

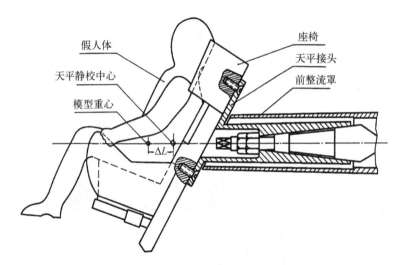

图 5.3　尾支撑试验方法示意图

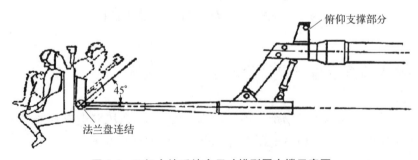

图 5.4　飞机人椅系统全尺寸模型尾支撑示意图

5.5　人椅系统侧壁直角弯杆支撑试验方法

5.5.1　侧壁直角弯杆支撑试验方式

侧壁直角弯杆支撑试验方式如图5.5所示。该方案利用1.2 m 跨超声速风洞侧壁转窗实现模型侧滑角 0°～±180°变化,在直角弯折处安装步进谐波马达,以实现飞机人椅系统迎角 0°～360°变化。在侧壁直角弯杆支撑试验方式中,整个支撑系统呈直角弯折形式。图 5.5 是示意图,在该试验方式实现过程中,需要对试验支撑形式的结构设计、强度与刚度校核做细致的工作。

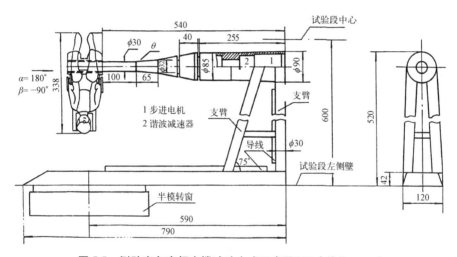

图 5.5　侧壁直角弯杆支撑试验方式示意图(尺寸单位: mm)

采用这一试验方式的显著特点是不用变换接头就可连续地改变飞机人椅系统模型的迎角或侧滑角,仅用一个模型即可连续地改变迎角(0°～±360°)和侧滑角(0°～±180°)。这种支撑方式尽管比 5.3 节、5.4 节给出的支撑方式在技术上难度要大得多,同时该支撑方式的装置比较复杂,它涉及空气动力、天平、机械结构、计算机、控制等多个专业技术环节。但是,该支撑方式所实现的迎角、侧滑角范围完全能满足飞机人椅系统的试验需求。

为了研究该方式中的支撑对飞机人椅系统模型的空气动力干扰,在模型的另一侧插入假支杆(与真支杆前半部外形、尺寸完全相同)。这样通过有、无假支杆两种状态相减,可求出在 $\beta = 0°$、$\alpha = 0°$～360°范围,支杆对飞机人椅系统模型空气动力影响的干扰量。

5.5.2 飞机人椅系统试验技术难点

由于飞机人椅系统模型是非流线型的复杂几何外形构型,绕流特性及其空气动力特性复杂和特殊,因此,在1.2 m跨超声速风洞中建立飞机人椅系统大迎角(0°~360°)大侧滑角(0°~±180°)试验技术,并比较精确测得其空气动力特性具有一定技术难度,其主要技术难点如下。

(1)侧壁直角弯杆支撑方案。实现该方案的装置复杂,涉及的环节多,且有的环节相互制约,矛盾突出。为此,要实现该方案必须解决以下几个关键技术问题:

a)在限制比较苛刻的结构空间内安装步进谐波马达能否满足试验过程中迎角0°~360°连续变化的要求;

b)在满足风洞试验堵塞度要求的前提下,选择支撑系统的最佳结构设计形式,以确保试验过程中支撑系统刚度最大,即变形最小;

c)模型上留给天平的空间小,天平元件尺寸严格受限,而承受载荷较大,天平刚度与灵敏度间的设计矛盾突出,同时,还有天平与模型和支撑系统连接方式问题。

(2)迎角和侧滑角变化范围大。这项研究要求实现飞机人椅系统模型迎角0°~360°阶梯式连续变化,侧滑角0°~±180°变化。1.2 m跨超声速风洞原有设备能力和传统支撑方式,侧滑角最大仅为15°,而在此时最大迎角仅为17.8°,这与飞机人椅系统要求实现的迎角和侧滑角范围相差甚远。若沿用现有的方法,迎角变化必须采用变换天平接头的办法,而采用更换天平接头的办法要实现宽广侧滑角变化范围的要求,几乎是不可能的。因此,如何实现飞机人椅系统大迎角大侧滑角的要求是一个技术难点。

(3)支撑装置堵塞度与刚度矛盾突出。由于人椅系统模型为极不规则的非流线型钝体,在风洞中受到的空气动力载荷比较大,加上模型质量也较大,对支撑系统的刚度要求高,而支撑装置又处于试验段中,支架的堵塞度问题是能否实现该试验方式的一个关键技术问题。在进行支撑装置设计中,要求尽可能减小支架堵塞度,这样协调解决堵塞度和刚度的矛盾十分困难。为了减小支撑对飞机人椅系统模型的空气动力干扰,天平支杆设计成直径为30 mm的支杆,这样支杆的横截面积远远小于飞机人椅系统模型的侧面积。另外,还要保证模型在试验过程中始终位于流场均匀区范围内。

(4)短尺寸特种天平设计技术。模型缩比为1:5,模型高为280 mm,宽为 94 mm, 厚为 80 mm。为了保证风洞试验顺利进行, 避免高速气流损坏天平, 天平元件不能暴露在模型之外, 这样就限制了天平元件总长小于 90 mm。除两端接头外, 留给天平元件尺寸的长度仅为 60 mm, 不足常规天平的一半。对内式天平而言, 这个尺寸越短, 俯仰力矩、偏航力矩对天平轴向力元件的破坏力就越大, 且其他分量对轴向力分量的干扰就越大, 这对天平的性能是极为不利的。在这样短的尺寸上, 加之天平设计载荷较大, 既要保证天平刚度, 与模型连接牢靠, 拆卸方便, 又要保证各元有足够的空间, 布置合理, 有比较好的性能, 这就给天平设计带来了较大的技术难度。另外, 由于该天平尺寸较短, 现有的加载装置无法满足其静校要求, 因此, 必须根据短尺寸特种天平的特点重新设计天平静校加载装置。

（5）大迎角大侧滑角机构控制系统。由于支撑装置受堵塞度要求的限制, 安装步进电机的空间较小, 能选用的电机尺寸受到限制, 而模型所受的空气动力载荷又较大, 这对步进电机的控制方法、多处理机系统的配置、总线协议的选择以及控制程序的编制都提出了新的技术要求。

（6）试验数据处理方法。由于飞机人椅系统模型运动姿态和范围广泛, 支撑方式非常规, 天平安装位置特殊, 天平轴系与飞机人椅系统模型体轴系之间关系、空间角度关系比较复杂。飞机人椅系统模型又较重, 自重对天平的测值影响较大, 因此, 试验数据处理方法不同于常规测力试验方法。

（7）天平及步进电机导线走线与布线问题。这一问题如解决不好, 所制定的试验研究方案就不可能实现。要保证迎角在 0°~360°范围内变化同时又要保证导线不被铰断, 且由于堵塞度限制, 支撑杆不能开足够大的内径孔让导线通过。

5.5.3　飞机人椅系统试验技术的实现

根据前述侧壁直角弯杆支撑试验方式和上述技术难点, 实现该试验方式的思路是对涉及的各个专业环节进行细致地协调和周密地研究, 确定工程上合理实用的试验研究总体方案, 研制出满足试验技术要求的试验装置, 解决支撑装置设计、短尺寸特种天平设计及校准、大迎角大侧滑角机构控制系统研制、不同于常规测力试验的数据处理方法等关键技术, 在高速风洞中建立起高性能飞机人椅系统大迎角大侧滑角试验技术平台, 满足飞机人椅系统研制与发展对大迎角大侧滑角的风洞试验需求。在实现人椅系统试验技术中, 应根据飞机人椅系统试验技术的特殊性和 1.2 m 跨超声速风洞实情况对该试验方式中涉及的各个专业环节进行全面细致地考虑,采用一些新的试验方式,在综合优化的基础上,着力解决其中关系到实现试验技术成败的关键问题。在建立试验技术中需要解决的主要关键技术如下。

(1)制定合理科学的总体技术方案。试验研究总体方案的正确与否,是该项试验技术研究成败与否的关键。经过综合分析比较,确定采用侧壁直角弯杆支撑系统(图5.5)支撑模型,不用变换接头,仅用一个模型即可连续改变迎角($0°\sim360°$)和侧滑角($0°\sim\pm180°$)。侧壁直角弯杆支撑系统在$\beta=0°$时,连同$\beta=0°$及$\alpha=0°$时模型一起,其堵塞度仍较大。预计在$Ma=1.20$、$\beta=0°$状态,由于堵塞度因素,试验进行可能比较困难。因此,特制定如图5.6所示的侧壁支撑试验方式,以实现$Ma=1.20$、$\beta=0°$、$\alpha=0°\sim360°$状态,作为侧壁直角弯杆支撑方式的必要补充和相互验证。同时,为有效地解决特种天平及步进电机导线走线与布线问题,需采取有效的技术措施,以保证飞机人椅系统大迎角大侧滑角试验技术研究的成功。

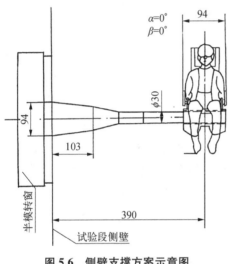

图5.6　侧壁支撑方案示意图
(尺寸单位:mm)

(2)在飞机人椅系统模型支撑装置研制中,要在结构设计上采取新的技术措施,以解决支架刚度与堵塞度限制的突出矛盾。

拟用四根直径为30 mm的小支臂组合成一个整体支臂(图5.3),这一结构形式的支撑系统最大堵塞度为2.4%。该支撑系统整体为框梁结构形式,系统刚度好,不仅可解决支撑系统的堵塞度问题,而且支撑系统的整体刚度好、强度高,完全能满足飞机人椅系统在整个迎角、侧滑角试验范围内的试验需求。同时该支撑系统的直角弯折形式,能保证模型处于半模侧壁转窗机构的旋转中心,即模型始终位于试验段流场均匀区内,这有利于保证试验数据精度。

(3)多种试验方式实现飞机人椅系统大迎角大侧滑角试验。对侧壁直角弯杆支撑方式,利用半模转窗机构改变模型侧滑角,利用滚转机构(步进谐波马达)来实现模型迎角$0°\sim360°$的连续变化。

（4）在短尺寸特种天平设计中,采用有限元分析方法,对该天平进行优化设计,在诸多边界条件及影响天平性能的因素中进行优化,以解决天平刚度与灵敏度之间的矛盾。

由于模型留给天平的空间小,天平元件尺寸较短而载荷又较大等因素,在保证天平外形的几何参数满足试验要求的前提下,要充分利用模型的纵向空间,制定合理可行的天平布局方案。其元件采用对称元件中心布局的整体结构来保证干扰的对称性,并有效地消除非测量载荷的干扰,采用靠近元件对称中心的四片阻力支撑梁来测量阻力,可有效地减小天平元件的纵向尺寸,使布局更为合理,从而可以比较好地解决天平尺寸较短带来的设计技术问题,提高天平的整体刚度。采用双矩式电桥,在不增加应变片及供桥电压的情况下,使天平输出信号增加一倍,以提高天平的灵敏度。采用双力矩电桥组桥方式,增大天平的信号输出量,提高天平的灵敏度。通过采取这些技术措施,以确保研制出满足飞机人椅系统大迎角大侧滑角试验技术要求的元件尺寸较短而载荷又较大的特种天平。

因为天平尺寸短,现有的加载装置无法满足其静校要求。在利用现有设备的基础上,重新设计专用加载套筒,以满足天平研制的需要,并保证加载力矩中心与天平力矩中心一致,提高天平静校精度。

（5）通过调研与比较,飞机人椅系统大迎角大侧滑角机构控制系统采用具有多主 CPU 功能的 System2 model60 STD 工控机作为过程控制。该控制系统采用多主系统,多处理机之间的通讯采用共享存储器（邮箱）方式,所用软件实现环行分配,以提高控制系统的稳定性和可靠性。

5.5.4　飞机人椅系统模型空气动力载荷预计

1. 风洞中来流速压

$Ma=0.60\sim1.20$ 时,飞机人椅系统模型的空气动力载荷一般在 $Ma=1.20$ 时达到最大。因此,以 $Ma=1.20$ 时飞机人椅系统模型的空气动力载荷作为天平的设计载荷。所以,选取 $Ma=1.20$ 时的 q 值作为计算条件。在 1.2 m 跨超声速风洞中,$Ma=1.20$ 时的速压 $q=55\,600\,\mathrm{Pa}$。

2. 飞机人椅系统模型空气动力载荷

本书以美国 AFFDL - TR - 74 - 57 报告[23]中的 F - 106 座椅模型（1:2）在 $Ma=1.20$ 试验结果（体轴系）,近似作为本项试验技术研究方案中飞机人椅系统模型的空气动力系数,即

$$C_{x_t, \max} = -1.30(\alpha = 0°、\beta = -5°)$$

$$C_{y_t, \max} = 0.82(\alpha = 120°、\beta = -5°)$$

$$C_{z_t, \max} = 1.21(\alpha = 0°、\beta = -45°)$$

$$m_{x_t, \max} = -0.198(\alpha = 0°、\beta = -45°)$$

$$m_{y_t, \max} = 0.188(\alpha = 0°、\beta = -45°)$$

$$m_{z_t, \max} = -0.208(\alpha = 55°、\beta = -15°)$$

再根据 1.2 m 跨超声速风洞在 $Ma = 1.20$ 时的 q 值以及飞机人椅系统模型的几何参数,计算出飞机人椅系统模型(1∶5)的空气动力载荷,如表 5.1 所示。

表 5.1　飞机人椅系统模型(1∶5)的空气动力载荷($Ma = 1.20$)

X	Y	Z	M_z	M_x	M_y
±1 677 N	±1 058 N	±1 561 N	±60 N·m	±57 N·m	±54 N·m

5.5.5　天平设计要求

由上述飞机人椅系统模型的最大空气动力载荷和几何外形特点可见,所要研制的天平元件尺寸短,设计载荷较大,这无疑会给天平设计带来一定的困难,且天平结构形式不同于常规测力天平。在天平设计时需要考虑各元之间的匹配问题,可对飞机人椅系统模型的最大空气动力载荷作适当调整,但不能调整过大,要统筹兼顾。

与天平相连的尾支杆的刚度在满足飞机人椅系统模型试验的同时,其几何尺寸要尽量按常规测力方法来确定,以使尾支杆对模型的干扰减到最小。为此,要求满足:天平支杆等直段长度不小于 100 mm 和等直段后的锥角 $\theta \leqslant 10°$(图 5.5)。在天平设计中,要求天平静校中心与飞机人椅系统模型参考重心的各向距离 ΔL、ΔY、ΔZ(图 5.3)控制在 0.1 倍参考长度内。

5.5.6　大迎角大侧滑角机构设计要求

在侧壁直角弯杆支撑试验研究总体方案中,飞机人椅系统模型的俯仰力矩(对天平而言为滚转力矩)较大,因此,为实现迎角 0°~360°连续变化,在限定的尺寸(最大不超过 $\varphi74$ mm)内,必须购置功率尽可能大的步进谐波马达。大迎角大侧滑角机构(即支撑系统)不仅要求刚度、强度、结构稳定性要高,以确保风洞试验时飞机人椅系统模型不发生较大的振动,而且在风洞试验段中的最大堵塞度不能超过 2.5%。同时,还要保证支撑系统中的前两根小支臂与飞机人椅系统模型的距离要不小于 400 mm。

5.5.7　试验模拟研究设备及人椅系统模型

1. 风洞

飞机人椅系统试验技术平台是在中国空气动力研究与发展中心高速空气动力研究所的 1.2 m 跨超声速风洞(FL‐24)中建立的。该风洞主要特点是整个控制系统均采用电子液压伺服系统,使用二元全柔壁喷管改变马赫数,并具有双试验段和可前后移动的超声速扩散段。该设备是一座半回流、暂冲式跨超声速风洞,其气动轮廓见图 5.7。

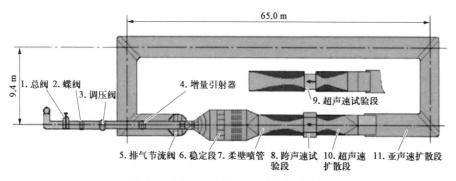

图 5.7　1.2 米跨超声速风洞的气动轮廓

该风洞试验段横截面为 1.2 m×1.2 m,四周有相互连通的驻室,跨声速试验段长 3.6 m,超声速试验段长 2.4 m。试验马赫数范围为 0.40~3.0,试验雷诺数范围为 $(8.5 \sim 35.2) \times 10^6$/m。跨声速试验时试验段加速区长 1.07 m,上下壁是开闭比为 4.3%的 60°斜孔壁板,左右是开闭比为 21.4%的直孔壁板,孔径和壁厚均为 12 mm。超声速时,试验段四壁皆为实壁。当需要作半模或侧壁支撑的试验时,其左侧壁可以换成带转窗的机构壁。该风洞中试验段均匀区的流场按《高速风洞和低速风洞流场品质规范》[85]所规定的项目进行了校测,其流场均匀度、马赫数分布均方根偏差、马赫数分布最大偏差、轴向马赫数梯度 $\mathrm{d}Ma/\mathrm{d}X$ 等达到了规范[85]的要求。该风洞的跨声速流场均匀性见表 5.2[86],其中 σ_{Ma} 为马赫数分布均方根偏差。

表 5.2　1.2 m 跨超声速风洞跨声速试验段流场均匀性

Ma	σ_{Ma}	dMa/dX(1/m)	Ma	σ_{Ma}	dMa/dX(1/m)
0.60	0.001 88	0.000 45	1.0	0.004 85	0.002 99
0.70	0.002 52	0.001 54	1.05	0.007 98	−0.000 57
0.80	0.002 38	−0.000 51	1.10	0.008 39	0.002 54
0.90	0.002 78	0.000 57	1.20	0.006 04	−0.001 96

2. 1.2 m 跨超声速风洞测控处系统

1.2 m 跨超声速风洞测控处系统的主要功能是进行风洞试验的过程控制,完成风洞的控制及数据采集,包括风洞试验过程中前室总压和试验段马赫数的闭环自动调节、模型姿态角的自动调节、安全连锁及事故警报、关键参数的实时显示与监测以及与其他系统的实时通信等。控制系统由调压阀控制、模型迎角控制、蝶阀控制、柔壁喷管控制、引射器控制及安全连锁等子系统组成。测量系统则由天平与传感器、数据采集系统和数据处理系统构成。

3. 飞机人椅系统大迎角大侧滑角机构控制系统

飞机人椅系统试验方法使用的控制系统除风洞本身的控制系统外,还有专为飞机人椅系统试验机构研制的控制系统,用于风洞试验中飞机人椅系统模型的迎角和侧滑角的驱动与控制。下面阐述该控制系统的设计与研制。

飞机人椅系统大迎角大侧滑角机构控制系统硬件设计技术要求:一是半模机构改变侧滑角范围为 $0° \sim ±360°$,其控制精度为 $1'$,运行速度为 $9°/s$;二是飞机人椅系统模型迎角变化范围为 $0° \sim ±360°$,其控制精度为 $1'$,视人椅系统模型空气动力载荷确定迎角机构的运行速度,在 $3°/s \sim 6°/s$ 的速度范围内选定。

根据飞机人椅系统试验要求,为实现大迎角大侧滑角姿态变化,经分析比较,确定控制系统框架如图 5.8 所示。在控制系统中采用 System2 model60 STD 工业控制微机进行过程控制。该系统具有多主 CPU 功能。该系统采用三个 CPU,其中一个是主 CPU,另外两个为次 CPU。为便于机构和人椅系统模型安装与调试,可在现场控制步进电机运行。

众所周知,步进电机用于开环控制是很方便的。但是,从图 5.9 可以看出在相同频率下,步进电机启动时输出的扭矩比运行时输出的扭矩小得多。因此,如果在启动频率下使步进电机恒速运行,既不能充分发挥步进电机的性能,又要

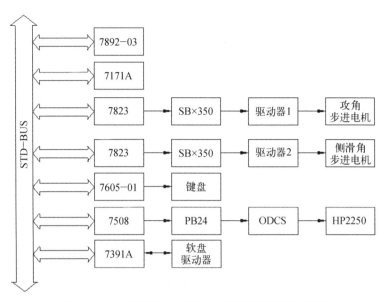

图 5.8　飞机人椅系统大迎角大侧滑角控制系统框图

影响机构的运行速度。为解决这个问题，一方面要合理设计或选择驱动器；另一方面要从步进电机的启动矩频特性和运行矩频特性出发，选择一条最佳的运行曲线。

步进电机的转速可用步距角和输入脉冲频率来表示[87]，即

$$N = f\pi\theta/180 \qquad (5.1)$$

这样，对于速度控制，其控制量为输入脉冲频率。步进电机的运行方程式为

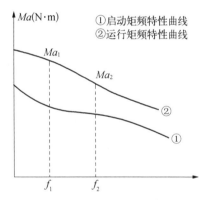

图 5.9　步进电机运行特性曲线

$$(J_j + J_o)\,\mathrm{d}\omega/\mathrm{d}t + D_W + M_i = M_e \qquad (5.2)$$

式中，J_j 为负载惯量；J_o 为转子本身惯量；D_W 为黏性摩擦系数；M_i、M_e 分别为输入和输出扭矩。

由于 D_W 一般很小，可以忽略，所以，由式(5.1)和式(5.2)得

$$J = \frac{\pi\theta}{180} \cdot \frac{\mathrm{d}f}{\mathrm{d}t} = M_e - M_i \qquad (5.3)$$

式中，$J = J_o + J_j$。

由式(5.3)得加速条件为

$$\frac{\mathrm{d}f}{\mathrm{d}t} < \frac{180}{J\pi\theta}(M_e - M_i) = \frac{180}{J\pi\theta}M_a \tag{5.4}$$

由图 5.8 的运行矩频特性曲线可知步进电机输出扭矩 M_e 是非线性的。为简便起见,把f_1 至f_2 之间的扭矩曲线视为直线,这样,加速扭矩 $M_a(f)$ 为

$$\frac{\mathrm{d}f}{\mathrm{d}t} < \frac{180}{J\pi\theta}(M_e - M_i) = \frac{180}{J\pi\theta}M_a \tag{5.5}$$

将式(5.5)代入式(5.3),设初始条件 $t = 0$ 时$f = f_1$,解得

$$\left\{ \begin{array}{l} f = f_1 - \dfrac{M_{a1}(f_2 - f_1)}{M_{a1} - M_{a2}}(1 - e^{\frac{-t}{\tau}}) \\ \quad \tau = J\dfrac{\pi\theta}{180} \cdot \dfrac{f_2 - f_1}{M_{a1} - M_{a2}} \end{array} \right\} \tag{5.6}$$

解式(5.6)得加速时间为

$$t = J\frac{\pi\theta}{180} \cdot \frac{f_2 - f_1}{M_{a1} - M_{a2}}\ln\frac{M_{a1}}{M_{a2}} \tag{5.7}$$

为使步进电机在停止时不产生过冲现象,它在运行一定数量的脉冲后就进入减速过程,减速过程的时间视负载性质而定。对惯性负载,减速时间要长些;对摩擦性负载,则时间可短些。由于机构的负载性力矩 J_1 难以计算准确,启动频率也很难一次性准确确定,通常是在估算的基础上直接带负载调试确定。

采用多处理机的微机系统,在应用中比单个处理机系统具有更高的性能、更好可靠性和灵活性。这种多处理能力已在 STD 总线下实现,从而允许建立更高性能的控制系统。

多处理机系统的配置通常有三种方式。第一种是分布式系统,这种系统的各个处理机由两个或多个处理机公共总线或一个通信链连接起来。每个处理机都有自己完全独立的存储器和 I/O。第二种是主/从系统,在这种系统中只有主机能够控制总线,并占有总线资源,从机只能使用本板存储器和 I/O 进行操作,而且通常总是执行指定的系统功能。数据和控制参数在总线上的主机和从机之间,或者通过 I/O 口传送,或者通过公用存储器传送。第三种是多总线多主系统,它允许每个处理器访问所有总线资源,这需

要一个多主总线裁决方案。由于多个处理器能够使用该总线的所有资源,因此,允许系统结构具有更大的灵活性,而且在某些应用方面也提高了性能。

本书采用第三种方法,即多总线多主系统,其优点是速度快,把任务分成几个较小的部分,并分别由系统里的不同处理器并行执行,程序编制简单。

多处理器之间的总线协议,通常有共享存储器(邮箱)、软件中断及周期性 STD 总线访问中断等几种通信方式。本文采用共享存储器(邮箱)方式,在多总线多主系统中,各个 CPU 都可以使用总线上的共用资源,故可以在系统 RAM 区的任何区域开辟"邮箱",可以由一个多主 CPU 写入命令、状态信息和数据,而由其他多主 CPU 读出这些内容。为了防止几个多主 CPU 同时访问一个 RAM 区,各个多主 CPU 在写入或读出都可以使用 COCL 做前缀,以实现软件锁定方式。这就确保了当实际发生交换时,不会产生其他多主 CPU 存取邮箱里的操作数。

本书采用 System2 model60,它具有多主 CPU 功能,共使用三个 CPU 模板,其中两个 CPU(7823)分别控制一台步进电机,另外一个 CPU(7892 - 03)模板则用来管理两个 CPU(7823)以及与外界的通讯和其他操作。

7892 - 03 模板作为主 CPU,完成 STD 工业控制与 HP(2250)的应答式通讯。根据飞机人椅系统试验大纲要求,事先将有关参数编制在程序中,在试验过程中,它接受来自 HP(2250)的使步进电机运行的命令,然后把有关的参数传送给两个 CPU(7823)使步进电机运行。当步进电机运行到位后,即飞机人椅系统模型到达预定姿态后,它回送一个应答信息给 HP(2250)。这样就可以实现在试验过程中飞机人椅系统模型的姿态改变和试验段来流马赫数控制同步进行的过程。缩短风洞试验时间,节省能源,提高风洞运行的经济效益。

为了便于飞机人椅系统大迎角大侧滑角机构与模型的安装与调试,以及提高控制精度,控制系统还具有现场手动操作的功能。它通过 I/O 板,可以被 CPU(7892 - 03)访问,具有多种操作功能,且操作简便。

由式(5.6)可知,理想的加速特性为指数函数,用 CPU 控制步进电机是以阶梯形式实现的,即在每个阶梯(某一频率下)运行一定脉冲数 N 后,由 CPU 改变计数器/定时器的时间常数,从而使得运行频率的改变,即步进电机在频率 f_0 下启动、且运行 N 个脉冲后,改变计数器/定时器的时间常数,使频率上升至 f_1。这样一直上升到额定频率下运行,然后进入减速过程,减速过程也是阶梯式的,可根据负载的性质,使加速和减速过程中每个阶梯运行的脉冲数相同或不相同。

驱动步进电机运行的环形分配器,传统方法是用硬件设计而成。在这种方式中,环形分配器中每一个触发器对应步进电机的一相绕线,如所用的步进电机为五相,则对应的环形分配器就要由 5 个触发器组成,由此可决定 32 个状态,采用五相 3−2 拍的分配方式,在实际运行过程中只用到 10 个状态,而其余可能出现的 22 个状态为多余状态。在运行过程中任何一个多余状态一旦出现,就会导致错误[88],这是由于环形分配器这个硬件所致。在风洞试验过程中不允许出现任何错误现象,为了确保试验运行顺利,本书的控制系统中采用软件来实现环形分配,很好地解决了这一问题,飞机人椅系统模型大迎角大侧滑角试验证明了该方法稳定可靠。

4. 测试仪器

本项研究中,试验技术研究采用专门设计研制的短尺寸 ϕ30 mm 六分量电阻应变天平测量飞机人椅系统模型上的空气动力。采用研制的专用大迎角大侧滑角控制系统来控制模型的迎角和侧滑角。采用压力传感器测量风洞前室总压、试验段静压,天平与压力传感器输出的电压信号经 Preston 高速巡检装置采样、放大与模数转换后,最终由计算机根据人椅系统专用数据处理方法计算出试验结果,并由现场微机实时显示试验曲线,方便现场分析,以提高试验效益和工作效率,确保试验数据质量。

5. 飞机人椅系统模型

根据 1.2 m 跨超声速风洞试验段的尺寸,确定模型缩比为 1∶5。模型设计按照高速风洞模型设计规范的要求[89]进行设计。为确保试验过程中模型与天平不碰撞,模型内壁与天平杆间径向间隙为 2 mm。该模型系由几何外形缩比相同的人体、座椅及出舱稳定装置等组成的全金属结构人椅系统模型。模型为模拟飞行员外形的人体与弹射座椅的组合体(简称人椅模型),其外形与真实弹射座椅几何外形相似,但飞行员穿着服装未模拟,如图 5.10 所示。在风洞中模型最大堵塞度约为 1.61%($\alpha=0°$,$\beta=0°$)。在试验段中的支撑方式见图 5.11[90]。

需要指出的是,在进行模型设计及天平设计时要尽量满足模型力矩参考中心与天平静校中心重合,以提高试验数据精度。

5.5.8 飞机人椅系统试验方法

支杆分别从飞机人椅系统模型左侧或右侧插入座椅与天平连接(图 5.10),

以便使支撑系统与来流的夹角始终小于或等于 90°，即相对气流而言，模型始终处于支撑系统前面，并且可实现模型侧滑角 0°~±180° 变化，随着飞机人椅系统模型侧滑角 0°~±90° 或 ±180°~±90° 变化，支撑形式将从侧支撑（图 5.11）变为尾支撑（图 5.12）。

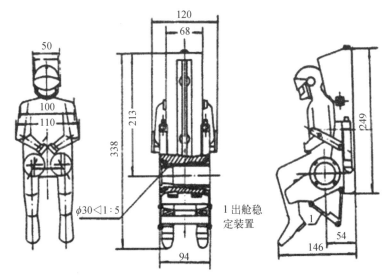

图 5.10　飞机人椅系统模型示意图（尺寸单位：mm）

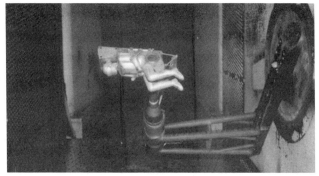
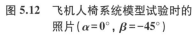

图 5.11　模型侧壁直角
弯杆支撑试验
（$\alpha=0°$，$\beta=0°$）

图 5.12　飞机人椅系统模型试验时的
照片（$\alpha=0°$，$\beta=-45°$）

　　利用风洞试验段侧壁转窗改变人椅模型的侧滑角，而模型的迎角改变则利用滚转机构（步进谐波马达）来实现。试验时有两种试验方法，一是固定侧滑角和固定马赫数，迎角采用阶梯式（图 5.13）方法连续变化，变化范围为 $\alpha=$ 0°~360° 或 $\alpha=360°~0°$（即迎角由小到大或由大到小变化，利用空气动力帮

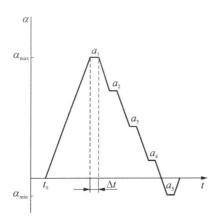

图 5.13　风洞试验阶梯式迎角变化

荷方向与步进谐波马达转动方向一致来降低电机负载,实现迎角变化要求),间隔 $\Delta\alpha=5°$ 或 $10°$(可根据需要确定间隔),固定侧滑角的变化范围为 $\beta=0°\sim\pm180°$,$\Delta\beta=5°$ 或 $10°$(可根据需要确定间隔);二是利用步进谐波马达静力矩大于动态力矩的原理,采用固定迎角(步进谐波马达到位锁死)和固定马赫数的方法,利用半模转窗机构实现侧滑角阶梯式连续变化,变化范围 $\beta=0°\sim\pm180°$,固定迎角的变化范围为 $\alpha=0°\sim360°$。

需要说明的是,迎角及侧滑角均指飞机人椅系统模型相对来流而言,将模型正对来流定义为 $\alpha=0°$ 及 $\beta=0°$(图 5.12)。

5.5.9　飞机人椅系统天平设计

1. 天平设计条件

要实现飞机人椅系统模型大迎角大侧滑角试验技术,其中极为关键的是要研制出满足该试验方式所要求的天平。针对 1.2 m 跨超声速风洞与飞机人椅系统模型的特点,确定该天平设计的试验条件如下:

(1) 试验马赫数:$Ma=0.60$、0.90、1.20;

(2) 试验迎角范围:$\alpha=0°\sim360°$;

(3) 试验侧滑角范围:$\beta=0°\sim\pm180°$。

在上述试验条件范围,需要测定飞机人椅系统模型的六分量空气动力特性。为了设计出能满足要求的天平,根据 5.5.3 节预估的飞机人椅系统空气动力载荷,考虑到载荷匹配问题,最终确定飞机人椅系统模型的天平设计载荷如表 5.3 所示。

表 5.3　飞机人椅系统天平设计载荷(单位:N、N·m)

分　量	Y	M_z	X	M_x	Z	M_y
设计载荷	1 300	100	1 900	130	1 800	65

在整个支撑系统中,包括天平在内的各装置总体布置如图 5.14 所示。模型缩比为 1∶5,由此得到模型的高度为 280 mm,宽为 94 mm,厚为 80 mm。

在进行风洞试验时,为了保证天平能正常工作,天平元件不能直接暴露在气流之中,这就限制了天平总长小于 90 mm,这一尺寸远小于常规天平的长度(常规天平的长度与直径之比一般为 6~10[91])。由于尺寸的限制,加之设计载荷又较大,即要保证天平与模型连接可靠,拆卸方便,又要保证天平各元有足够的空间,布置合理,有优良的性能,这无疑将增大天平设计的技术难度。

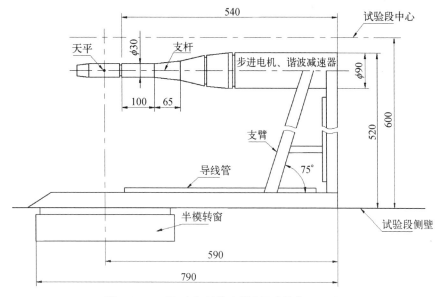

图 5.14　天平、支架总体布置(尺寸单位:mm)

2. 天平元件设计

飞机人椅系统模型外形复杂,属钝体,气流易分离,且模型自重达 12.5 kg。因此,在风洞试验中,为了避免产生振动而损坏天平,天平要有足够大的刚度才能满足试验需要。同时,天平的刚度不足将导致在飞机人椅系统模型受载后天平与其相碰而使得试验不能进行下去,以及导致天平各分量之间有较大的非线性干扰。但是,为了提高天平的灵敏度,又要求降低天平的刚度。因此,如何解决好刚度与灵敏度这一对矛盾是天平设计成功的关键,根据各方面的综合分析考虑,应充分利用模型纵向空间,天平总体布局如图 5.15 所示。

该天平设计总体方案是采用前后对称的三片式梁结构,将天平 Y、M_z、M_x、Z、M_y 元布置在元件两端,Y、M_z 元采用主梁的上下面来测量;Z、M_y 元用两侧小梁来测量;M_x 元采用主梁的长边测量,呈 45° 方向布置在梁中间,以求得最大的扭转变形;轴向力 X 元放在元件中部,因尺寸限制,不做单独

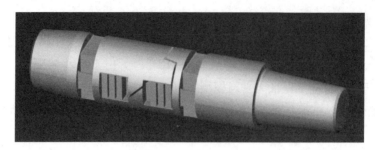

图 5.15 天平元件结构

设计,用靠近元件对称中心的四片阻力支撑梁来测量。天平元件结构的主
要尺寸如图 5.16 所示。从图 5.16 可见,采用这一设计,不仅缩短了天平的总
长度,而且还提高了天平的总体刚度。

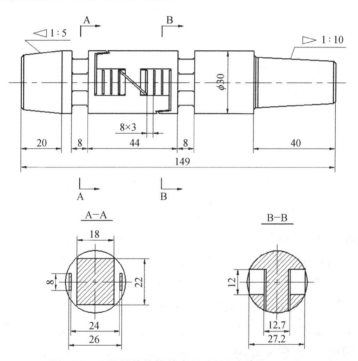

图 5.16 天平元件结构基本尺寸(尺寸单位:mm)

3. 天平元件灵敏度有限元分析

本文所设计的天平结构复杂,用有限元技术进行天平元件灵敏度分析
时,需要对天平的三维实体设计数模进行简化。利用 UGII 去掉所有的小圆
角特征(半径小于或等于 1 mm),然后利用 ANSYS 与 UGII 的几何接口,将几
何模型导入 ANSYS,划分网格,建立有限元分析模型(图 5.17)。为了准确定

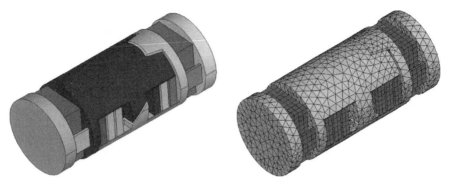

图 5.17 有限元分析模型

位天平贴片中心的位置,需要计算灵敏度,为此,对天平元件测量梁划分为规则的六面体网格,而对天平体划分为四面体网格。

天平灵敏度计算分析共分为 6 个工况,在天平力矩参考中心分别加载 $Y = 1\,300\,\text{N}$、$M_z = 100\,\text{N·m}$、$X = 1\,900\,\text{N}$、$M_x = 130\,\text{N·m}$、$Z = 1\,800\,\text{N}$、$M_y = 65\,\text{N·m}$,得到天平各元贴片表面沿应变片栅丝方向的应变云图(图 5.18),

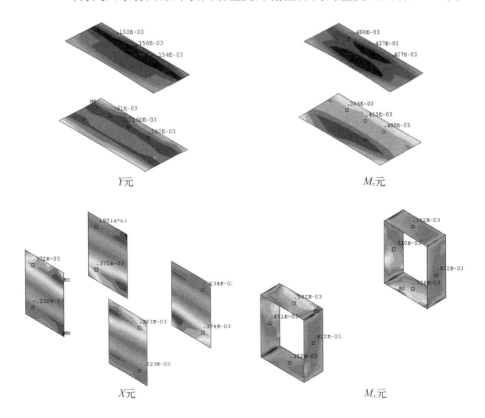

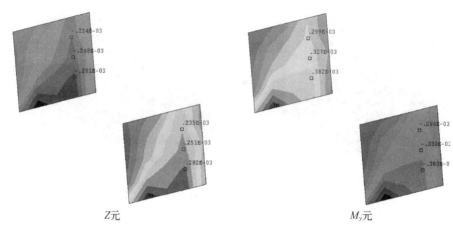

图 5.18　灵敏度分析结果

各元应变片中心处的应变(平均应变)如表 5.4 所示。由图 5.18 及表 5.4 所示的结果表明,所设计的天平各元具有比较理想的灵敏度。

表 5.4　飞机人椅系统天平各元平均应变

	Y	M_z	X	M_x	Z	M_y
天平载荷/(N、$N \cdot m$)	1 300	100	1 900	130	1 800	65
平均应变(10^{-6})	158	424	303	446	249	328

4. 天平静强度分析

进行天平静强度分析时,在天平力矩参考中心同时加载 Y、M_z、X、M_x、Z、M_y,计算等效应力,确定危险区域。并针对危险区域建立子模型,进行局部分析。

(1)工况 1:$Y = 1\,300\,N$、$X = -1\,900\,N$、$M_x = 130\,N \cdot m$、$Z = 1\,800\,N$、$M_y = -65\,N \cdot m$;

(2)工况 2:$Y = 1\,300\,N$、$M_z = -100\,N \cdot m$、$X = -1\,900\,N$、$M_x = 130\,N \cdot m$、$Z = 1\,800\,N$、$M_y = 65\,N \cdot m$。

计算分析结果如图 5.19 所示。静强度校核采用第三强度理论,天平材料采用高强度马氏体时效钢 00Ni18Co8Mo5TiAl,其材料屈服极限为 1 754 N/mm^2,材料安全系数取 1.3,故最大许用应力为 1 350 N/mm^2。从图 5.19 给出的静强度分析结果可以看出:天平阻力元支撑梁根部最为危险,其最大应力为 970 N/mm^2,小于材料的最大许用应力,天平具有足够的强度。

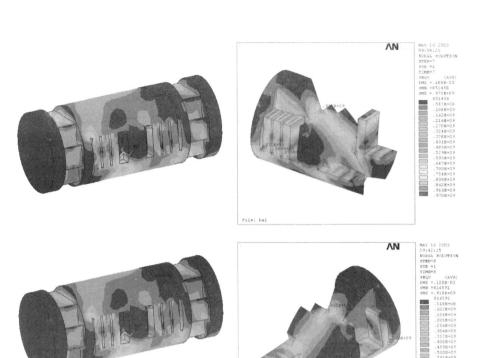

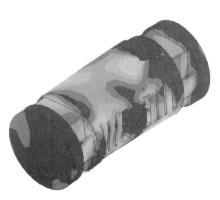

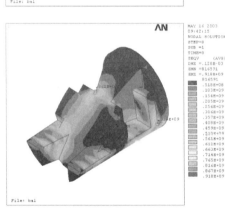

图 5.19　强度分析结果

5. 天平粘贴校准

为了增大信号输出量,提高天平灵敏度和抗干扰能力,对 Y、M_z、Z、M_y 四个元采用双力矩电桥组桥,M1、M2 电桥测量 Y 与 M_z 元,M5、M6 电桥测量 Z 与 M_y 元,其信号输出量为单桥输出的两倍,天平粘贴桥路如图 5.20 所示。

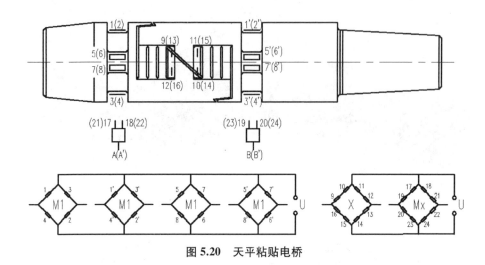

图 5.20　天平粘贴电桥

由于该天平尺寸短,现有的加载装置无法满足要求。为了满足该天平静校需要,在利用原有设备基础上,重新设计加工加载装置,满足了该天平静校需要,并保证了加载力矩参考中心与天平力矩中心一致,提高了天平静校精度。天平是在 1.2 m 跨超声速风洞体轴系校准架上进行校准的,在校准中,采用单元校准、两两组合的交叉校准、综合准度校准、综合精度校准,同时,还保证了校准状态与风洞试验状态的一致性。静校结果如表 5.5 所示。从表 5.5 可见,天平各元的计算输出与实际输出一致性较好,天平静校的精准度较高。同时,天平灵敏度有限元分析结果与实际使用结果吻合较好,从而证实了有限元分析是可信的。

表 5.5　飞机人椅系统天平静校结果

	Y	M_z	X	M_x	Z	M_y
设计载荷/(N、N·m)	1 300	100	1 900	130	1 800	65
桥臂阻值/Ω	350	320	640	570	320	320
电桥类型	双	双	单	单	双	双
供桥电压/V	6	6	12	10	6	6
计算输出电压/mV	3.792	10.176	7.26	8.92	5.976	7.872
实际输出电压/mV	3.73	10.43	6.31	9.72	5.97	8.23
静校准度/%	0.2	0.2	0.2	0.2	0.3	0.3

按风洞应变天平规范要求[92],对天平进行动校试验。在动校试验中,根据不同马赫数下,迎角等于40°,侧滑角为-60°时,进行了非连续7次重复性试验,试验结果的均方根误差如表 5.6 所示。从表 5.6 可见,该天平的动校

精度较高,能满足飞机人椅系统模型大迎角大侧滑角空气动力试验的需要。天平动校结果及试验研究结果表明,飞机人椅系统天平研制是成功的。

表 5.6 飞机人椅系统模型空气动力系数均方根误差($\beta = -60°$、$\alpha = 40°$)

Ma \ σ	$\sigma_{C_{y_t}}$	$\sigma_{m_{z_t}}$	$\sigma_{C_{x_t}}$	$\sigma_{C_{z_t}}$	$\sigma_{m_{x_t}}$	$\sigma_{m_{y_t}}$
0.60	0.002 5	0.005 5	0.004 54	0.000 50	0.000 10	0.000 10
0.90	0.000 69	0.002 6	0.001 88	0.000 52	0.000 14	0.000 62
1.20	0.001 0	0.000 6	0.000 80	0.000 26	0.000 08	0.000 34

5.5.10 试验数据处理方法与修正

1. 试验数据处理方法

飞机人椅系统大迎角大侧滑角试验技术研究的试验数据处理,选择与飞机体轴系一致的坐标系,如图 5.21 所示。

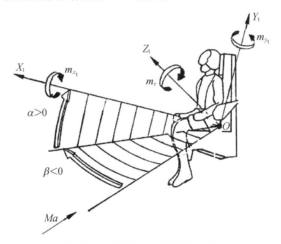

图 5.21 飞机人椅系统体轴系

该体轴系由相互垂直的 OX 轴、OY 轴、OZ 轴组成,其坐标原点通过飞机人椅系统重心参考点。OX 轴、OY 轴始终处于 $\beta = 0°$ 时空气动力对称平面,OX 轴的方向以飞行员正前方为正,OY 轴的方向指向飞行员头部向上为正,OZ 轴的方向从飞行员左侧指向右侧为正,构成右手体轴坐标系。三个力矩方向与右手定律规定的方向相同。在该坐标系中,阻力正方向与 OX 轴的正方向相反,升力、侧向力的正方向则分别与 OY 轴、OZ 轴的正方向一致。来流矢量在 XOY 平面内的投影与 OX 轴夹角定义为迎角 α,来流在 OY 轴投影矢量与 OY 轴正方向相同时 α 为正,反之为负。来流矢量在 XOZ 平面投影

与 OX 轴夹角定义为侧滑角 β，来流在 OZ 轴方向投影矢量与 OZ 轴的正方向同向时形成正 β，反之形成负 β。

在1.2 m跨超声速风洞中进行飞机人椅系统试验，要实现迎角在0°~360°、侧滑角在0°~±180°范围变化，且由于模型较重，自重对天平的测值影响较大，其试验数据处理方法也较复杂，现有常规测力试验数据处理方法不适用于本项研究，必须根据飞机人椅系统在空间的复杂变化姿态，重新推导试验数据处理公式。

2. 飞机人椅系统体轴系到天平轴系转换

图5.22所示的是飞机人椅系统体轴系与天平轴系的关系。

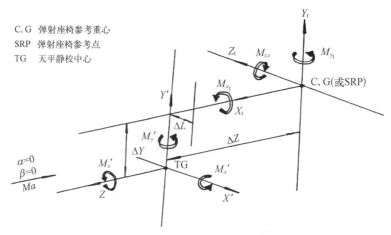

图5.22　飞机人椅系统体轴系与天平轴系关系示意图

从图中可见，在 $\alpha=0°$、$\beta=0°$ 时，天平轴系的 Y 元正方向与体轴坐标系 OY 轴的正方向一致，Z 元正方向与 OX 轴正方向一致，X 元与 OZ 轴负方向一致，由此，可以得到以下转换公式：

$$X = -Z \tag{5.8}$$

$$Y = Y' \tag{5.9}$$

$$Z = X \tag{5.10}$$

$$M_{x_t} = M_z \tag{5.11}$$

$$M_{y_t} = M_y \tag{5.12}$$

$$M_{z_t} = -M_x \tag{5.13}$$

3. 模型自重及参考重心与天平静校中心不重合影响

如图 5.22 所示,模型参考重心和天平静较中心不重合引起的力矩影响量修正较简单,这里不做过多讨论。下面主要讨论各试验状态下模型自重引起的力和力矩影响。

(1) 侧壁转窗变迎角($\beta = 0°$)。

如图 5.23 所示,模型自重在任意迎角 α 下对天平各分量的影响量分别为

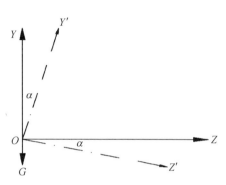

天平 X 元方向:0

天平 Y 元方向:$G \cdot \cos \alpha$

天平 Z 元方向:$G \cdot \sin \alpha$

天平 M_x 元方向:$G \cdot \cos \alpha \cdot \Delta Z$

　　　　　　　　　$G \cdot \sin \alpha \cdot \Delta Y$

天平 M_y 元方向:$G \cdot \sin \alpha \cdot \Delta L$

天平 M_z 元方向:$G \cdot \cos \alpha \cdot \Delta L$

图 5.23　侧壁支撑方式计算示意图

定义:$M_{x0} = G \cdot \Delta Z$,$M_{x90} = G \cdot \Delta Y$,$M_{y90} = M_{z0} = G \cdot \Delta L$,而 $M_{y0} = M_{z90} = 0$。

为了确定最后的计算公式,还需要结合模型参考重心和天平静校中心不重合引起的影响量并考虑各影响量随模型姿态角的变化。最后可得到如下的公式:

$$X = X' \tag{5.14}$$

$$Y = Y' - G(\cos \alpha_s - \cos \alpha) \tag{5.15}$$

$$Z = Z' + G(\sin \alpha - \sin \alpha_s) \tag{5.16}$$

$$M_x = M'_x + Z \cdot \Delta Y - Y \cdot \Delta Z + M_{x0}(\cos \alpha_s - \cos \alpha) - M_{x90}(\sin \alpha - \sin \alpha_s) \tag{5.17}$$

$$M_y = M'_y - Z \cdot \Delta L - X \cdot \Delta Z - M_{z0}(\sin \alpha - \sin \alpha_s) \tag{5.18}$$

$$M_z = M'_z + Y \cdot \Delta L + X \cdot \Delta Y + M_{z0}(\cos \alpha_s - \cos \alpha) \tag{5.19}$$

(2) 侧壁转窗变侧滑角和步进电机变迎角。

如图 5.24 所示,在任意侧滑角 β 和迎角 α 下,模型自重对天平各元的影响量如下:

天平 X 元方向:$G \cdot \cos \beta$

天平 Y 元方向:$G \cdot \sin \beta \cdot \sin \alpha$

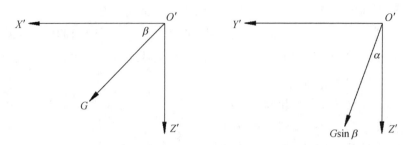

图 5.24　侧壁直角弯杆支撑方式计算示意图

天平 Z 元方向：$G \cdot \sin\beta \cdot \cos\alpha$

天平 M_x 元方向：$G \cdot \sin\beta \cdot \sin\alpha \cdot \Delta Z$，$G \cdot \sin\beta \cdot \cos\alpha \cdot \Delta Y$

天平 M_y 元方向：$G \cdot \sin\beta \cdot \cos\alpha \cdot \Delta L$，$G \cdot \cos\beta \cdot \Delta Z$

天平 M_z 元方向：$G \cdot \sin\beta \cdot \sin\alpha \cdot \Delta L$，$G \cdot \cos\beta \cdot \Delta Y$

同样，这里定义 $M_{y0} = G \cdot \Delta Z$，$M_{y90} = G \cdot \Delta L$，$M_{x90} = M_{z0} = G \cdot \Delta Y$，而 $M_{x0} = M_{z90} = 0$。

（3）固定侧滑角变迎角。

考虑模型参考重心和天平静校中心不重合引起的各影响量随模型迎角的变化，可得到如下的数据处理公式：

$$X = X' \tag{5.20}$$

$$Y = Y' - G(\sin\alpha - \sin\alpha_s)\sin\beta \tag{5.21}$$

$$Z = Z' - G(\cos\alpha_s - \cos\alpha)\sin\beta \tag{5.22}$$

$$M_x = M_x' + Z \cdot \Delta Y - Y \cdot \Delta Z + M_{z0}(\cos\alpha_s - \cos\alpha)\sin\beta \\ + M_{y0}(\sin\alpha - \sin\alpha_s)\sin\beta \tag{5.23}$$

$$M_y = M_y' - Z \cdot \Delta L - X \cdot \Delta Z + M_{y90}(\cos\alpha_s - \cos\alpha)\sin\beta \tag{5.24}$$

$$M_z = M_z' + Y \cdot \Delta L + X \cdot \Delta Y - M_{y90}(\sin\alpha - \sin\alpha_s)\sin\beta \tag{5.25}$$

这里需要说明的是，当起始迎角 α 不为 0°时，相应的 M_{y0}、M_{x90}、M_{z0}、M_{y90} 也应为起始值。

（4）固定迎角变侧滑角。

与固定侧滑角变迎角同样的道理，可以得到如下数据处理公式：

$$X = X' - G(\cos\alpha_s - \cos\alpha) \tag{5.26}$$

$$Y = Y' + G(\sin \beta - \sin \beta_s) \sin \alpha \tag{5.27}$$

$$Z = Z' + G(\sin \beta - \sin \beta_s) \cos \alpha \tag{5.28}$$

$$M_x = M'_x + Z \cdot \Delta Y - Y \cdot \Delta Z - M_{z0}(\sin \beta - \sin \beta_s) \cos \alpha \tag{5.29}$$
$$+ M_{y0}(\sin \beta - \sin \beta_s) \sin \alpha$$

$$M_y = M'_y - Z \cdot \Delta L - X \cdot \Delta Z + M_{y0}(\cos \beta_s - \cos \beta) \tag{5.30}$$
$$- M_{y90}(\sin \beta - \sin \beta_s) \cos \alpha$$

$$M_z == M'_z + Y \cdot \Delta L + X \cdot \Delta Y + M_{z0}(\cos \beta_s \sin \alpha - \cos \beta) \tag{5.31}$$
$$- M_{y90}(\sin \beta - \sin \beta_s) \sin \alpha$$

相应的 M_{y0}、M_{x90}、M_{z0}、M_{y90} 应为相对于 β 的变化值。最后需要说明的是,以上各式中 $\alpha_s = \alpha_M + \Delta\alpha$,$\beta_s = \beta_M + \Delta\beta$。

5.5.11 飞机人椅系统模型试验数据修正

迄今,风洞试验仍是获得飞行器空气动力特性的主要手段。但由于现有设备条件有限,任何飞行器缩尺模型在风洞试验中还很难完全模拟全尺寸飞行器在大气中的飞行情况。风洞试验缩尺模型在有四壁限制的风洞中,将其固连于支撑装置上进行试验。显然,这与全尺寸飞行器在无约束的大气层中飞行时,在许多方面存在着重大差别。例如,缩尺模型在风洞试验段中存在模型几何外形模拟、流场不均匀、支撑干扰及洞壁干扰等方面与真实飞行条件存在差别。且缩尺模型的雷诺数远比飞行时小,目前在 1.2 m 跨超声速风洞进行的飞机人椅系统模型缩尺比为 1∶5。因此,根据风洞试验数据进行飞机人椅系统性能计算分析时,必须分析各种未模拟因素对风洞试验数据的影响,并对试验数据产生影响的因素予以修正。在本节中,对支撑干扰、洞壁干扰、雷诺数等影响因素进行了分析,并采用风洞试验方法修正了无侧滑角时支撑对飞机人椅系统模型的干扰影响。

1. 试验数据常规修正

本文所提供的飞机人椅系统模型试验数据均以体轴系(图 5.21)给出,参与数据处理的某飞机人椅系统模型主要几何参数如下:

$S = 0.023\ 2\ \text{m}^2$ $L = 0.223\ \text{m}$

$\Delta L = -0.013\ 06\ \text{m}$ $\Delta Y = -0.053\ 2\ \text{m}$ $\Delta Z = -0.002\ 6\ \text{m}$

对试验数据按常规测力试验方法做以下修正:

（1）对迎角、侧滑角修正天平弹性角的影响；

（2）对力矩修正飞机人椅系统模型参考重心（C.G）与天平静校中心（GT）不重合的影响；

（3）对试验数据均修正飞机人椅系统模型自重的影响。

2. 支撑干扰修正

飞机人椅系统模型在风洞中进行试验，是由支撑系统与天平连接而支撑在试验段中测量其空气动力特性的，而真实飞机人椅系统弹射到空中的运动是无支撑系统约束的。由于支撑系统的存在，将使支撑模型位置附近绕模型的流场发生变化，从而对模型的空气动力特性产生干扰，即产生支撑干扰。一般情况下，在使用风洞试验数据用于设计时必须修正这种干扰。飞机人椅系统模型的支撑系统干扰由三部分构成，即由天平支杆的近场干扰、与支杆相连的支架的远场干扰和支架的间接干扰（称为支架的洞壁干扰）。一般情况下，在这三种干扰中，支杆的近场干扰起主要作用。已有研究结果表明[93]，支撑系统对模型的扰动是一种必须计及黏性的近场扰动，数值计算十分繁杂，且难以得到准确的支撑干扰数据，因而目前修正支撑干扰大都采用试验测定方法。本文采用辅助支撑和叠加法来修正飞机人椅系统模型的支撑干扰，即采用有、无假支杆的对比试验求得支杆的干扰量。

从前述可见，本项研究中使用的支撑系统随着侧滑角增大，支撑形式将从侧支撑方式变为尾支撑方式。将天平支杆外径设计为 30 mm，这样支杆的横截面积远小于飞机人椅系统模型的侧面积，这有利于减小支撑系统对模型的空气动力干扰，且支撑系统对模型的空气动力干扰将随着侧滑角增大而减小。侧支撑对飞机人椅系统模型的空气动力干扰较尾支撑大，侧支撑产生的空气动力干扰主要是通过绕圆柱分离流动的尾迹区对飞机人椅系统模型底部压力的干扰来影响的，且空气动力干扰的大小与绕圆柱流动的分离尾迹区的大小有关。为修正侧支撑的干扰，在试验中，我们在模型的另一侧插入假支杆，对侧壁支撑及侧壁直角弯杆支撑时的侧支撑进行了支撑干扰研究与修正。对侧壁直角弯杆支撑，采用的假支杆[图 5.25（a）]与天平真支杆几何外形相同，在上洞壁安装假支杆，该假支杆模拟天平支杆整个外形，在风洞试验段中的安装情况如图 5.26 所示。对侧壁支撑，假支杆安装在试验段的右侧壁，该假支杆只模拟部分天平支杆外形（模拟至天平支杆外径 32 mm 处），如图 5.25（b）所示，在风洞试验段中的安装情况见图 5.27。在试验时,两种试验方式的假支杆与模型左侧面间隙为 1 mm。用有、无假支杆两种状态的试验结果相减可获得在 $\alpha=0°\sim360°(\beta=0°)$ 范围支杆对飞机人椅系统模型的空气动力干扰修正量,并对侧支撑形式的飞机人椅系统模型的试验结果进行了支杆干扰修正。由于试验设备条件所限,未对有侧滑角时的试验数据进行支撑干扰修正,在侧滑角很大时(如 $\beta=-60°$)的支撑干扰相对侧支撑而言要小得多。

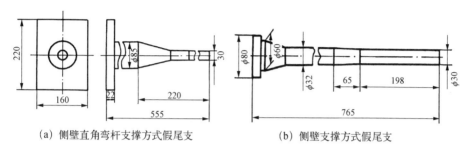

(a) 侧壁直角弯杆支撑方式假尾支　　　　　(b) 侧壁支撑方式假尾支

图 5.25　假支杆外形示意图(尺寸单位: mm)

图 5.26　侧壁直角弯杆　　　　图 5.27　侧壁支撑干扰试验
支撑干扰试验

3. 洞壁干扰修正

风洞中飞行器缩尺模型试验不同于飞行器在大气中飞行,其周围有洞壁,尾部有支撑系统(包括尾支撑和尾支架)。所谓洞壁干扰就是因风洞洞壁边界的存在而改变了绕飞行器缩尺模型的流场,使其不同于飞行器在大气中飞行的流场,从而改变了飞行器缩尺模型表面的压力分布及其空气动力特性。支撑系统除直接对飞行器缩尺模型产生干扰外,还会通过对洞壁产生影响而致使风洞流场产生畸变,然后再影响飞行器缩尺模型的空气动力特性。因此,一般情况下,在考虑洞壁干扰效应时,还必须同时考虑支撑系统的影响。在许多情况下,洞壁干扰对试验数据的影响是不可忽视的,使用试验数据用于飞行器空气动力设计时应予以修正。

众所周知,亚声速洞壁干扰主要包括升力约束干扰和堵塞效应。对于像飞机人椅系统这种长度尺寸较小而又无任何翼面的钝体模型在风洞试验段中占据的位置很小,因而可不计及升力约束干扰所引起的升力与力矩修正。在跨声速试验时,飞机人椅系统模型的堵塞度要大些,本文中的飞机人椅系统模型在1.2 m跨超声速风洞试验时的堵塞度约为1.61%($\alpha=0°$,$\beta=0°$)。但鉴于这种模型的体积通常是一般飞机模型体积的1/4~1/3,对来流速度的修正,即使在马赫数为0.80时都不到1%,因此,可忽略不计。而实体堵塞与尾迹堵塞引起的纵向速度梯度的影响,对于飞机人椅系统这种几何外形极不规则的钝体模型是难以修正的。总的说来,对于飞机人椅系统这种以分离流为特征的几何外形,不能采用常规的线化理论进行亚声速洞壁干扰修正。比较有效的方法是在大风洞中用小模型进行试验来验证。也可以采用当今比较流行的壁压信息法来修正洞壁干扰。已有的试验研究结果表明,飞机人椅系统模型的大小对其空气动力特性无明显影响。参考文献[23]的试验研究结果表明,飞机人椅系统模型的大小对其空气动力特性无明显影响。从这篇参考文献给出的堵塞度为3.3%的F-101人椅系统全尺寸模型和堵塞度为0.72%的1:2缩尺F-106人椅系统模型的试验结果来看,未进行洞壁干扰修正的试验结果是比较接近的,而这两种人椅系统模型的外形相差不大。因此,在1.2 m跨超声速风洞中进行飞机人椅系统模型试验可不修正洞壁干扰。

4. 试验雷诺数效应

在1.2 m跨超声速风洞中进行飞机人椅系统模型的试验雷诺数虽然较小(本文中基于某飞机人椅系统模型参考长度的试验$Re=2.8×10^6$~$5.4×10^6$,$Ma=0.60$~1.20,与零高度真实飞机人椅系统弹射飞行的雷诺数相差约5倍),但是,这种雷诺数之差对人椅系统静态空气动力特性的影响可以忽略。其原因在于:首先,不管人椅系统处于哪种状态(即不管气流从哪个方向流过人椅系统)都是非流线型钝体,在这种物体上主要气流分离区都是由物面突然间断,使流线不能再附而引起的,在气流分离前,无论边界层是层流还是紊流,气流在这里总要分离,即雷诺数对绝大部分分离区大小不会产生影响;第二,当气流流经流线体和一个流线长度较大的曲面时,碰到逆压梯度会发生气流分离,这种分离对边界层状态、雷诺数大小非常敏感,但人椅系统不存在这种情况;第三,不管来流从哪个方向流过来,附体流线在物面上产生的摩擦力与物面压力产生的法向力在 X、Y、Z 三个方向均是小量,即雷诺数变化引起的摩擦力在 X、Y、Z 三个方向分量变化均是个二阶小量(与表面压力在这三轴方向的分量相比较而言),可以忽略;第四,表面摩擦力在 X、Y、Z 三轴形成的力矩分量更小。因此,当雷诺数达到百万量级时,其变化不会引起人椅系统空气动力特性有可计及的影响。例如,参考文献[23]给出的研究结果表明,F-101 人椅系统模型雷诺数从 3.08×10^6 m^{-1} 增至 14.17×10^6 m^{-1} 时,雷诺数对人椅系统空气动力特性的影响小到可忽略不计。由此可见,在 1.2 m 跨超声速风洞中进行飞机人椅系统模型试验,对所得试验数据可不进行雷诺数效应修正。

第6章 人椅系统空气动力特性

6.1 人椅系统流动特性分析

与人椅系统试验方法相比,数值模拟方法不仅能获得其宏观的空气动力特性,而且还能获得丰富的、可以描述其绕流特性的微观数据,这对于分析人椅系统空气动力特性变化规律具有十分重要的意义。为了更好地分析人椅系统的空气动力特性,图6.1~图6.4分别给出了迎角 $\alpha = 0°$、$40°$、$80°$、$120°$、$160°$、$240°$、$280°$、$320°$、$360°$等9个计算点纵向对称面($Z = 0$)上静压、密度、修正湍流黏性系数、马赫数等物理量的等值线,这些图清楚地显示了飞机人椅系统的不同物理量随着迎角变化的过程。

从图6.1给出的静压等值线图可见,由于气流分离早,在计算的迎角范围内,相对于背风面而言,迎气流方向始终处于高压区,即压差阻力大。在 $\alpha = 0°$、$40°$、$80°$、$160°$,出舱稳定装置迎风面压力高于背风面压力,在 $0° \leqslant \alpha \leqslant 80°$ 范围,随着迎角增大,背风面与迎风面的压力差明显增大,即在此迎角范围内,出舱稳定装置贡献的是正升力,而在其余迎角下背风面与迎风面基本上不存在压力差,即出舱稳定装置失去作用。

从图6.2给出的密度等值线图可见,对于人椅系统这种非流线型钝体外形,在所有迎角下都存在大范围的尾迹流区,由于尾迹流本质上是弱非定常的湍流流动,如果没有好的湍流模型,计算就很难收敛。从图中还可以看到,计算结果清晰刻画出尾迹流区与主流之间的剪切层,这表明了本书计算方法和网格分布的合理性。

从图6.3给出的修正湍流黏性系数等值线图可见,本书应用的湍流模型得到了比较合理的湍流黏性系数分布。湍流主要分布在尾迹流区,在主流区,湍流黏性系数基本为零,这符合流动物理特性,表明了本书湍流模型应

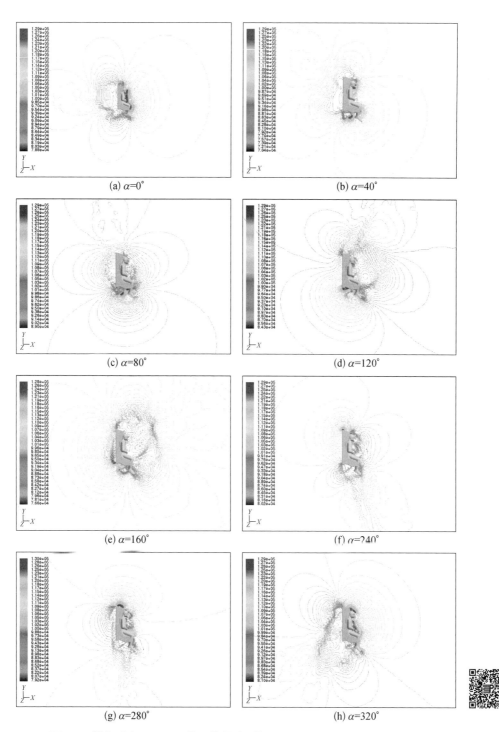

(a) $\alpha=0°$

(b) $\alpha=40°$

(c) $\alpha=80°$

(d) $\alpha=120°$

(e) $\alpha=160°$

(f) $\alpha=240°$

(g) $\alpha=280°$

(h) $\alpha=320°$

图 6.1　纵向对称面($Z=0$)静压等值线图[$Ma=0.60$；$\alpha=0°(360°)\sim320°$]

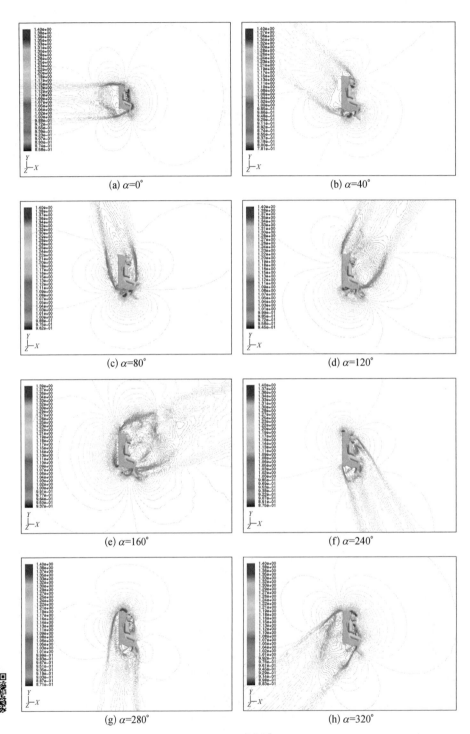

(a) $\alpha=0°$

(b) $\alpha=40°$

(c) $\alpha=80°$

(d) $\alpha=120°$

(e) $\alpha=160°$

(f) $\alpha=240°$

(g) $\alpha=280°$

(h) $\alpha=320°$

图 6.2 纵向对称面($Z=0$)密度等值线图[$Ma=0.60$；$\alpha=0°(360°)\sim320°$]

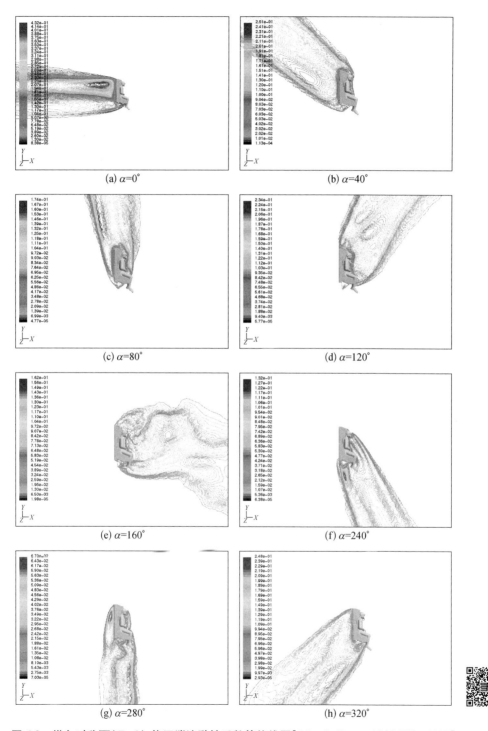

(a) $\alpha=0°$

(b) $\alpha=40°$

(c) $\alpha=80°$

(d) $\alpha=120°$

(e) $\alpha=160°$

(f) $\alpha=240°$

(g) $\alpha=280°$

(h) $\alpha=320°$

图 6.3　纵向对称面($Z=0$) 修正湍流黏性系数等值线图[$Ma=0.60$; $\alpha=0°(360°)\sim320°$]

用比较成功,对计算得到与试验比较一致的结果提供了至关重要的技术
支持。

从图 6.4 给出的马赫数等值线图可以看出,对于人椅系统这种非流线型
外形,其流场的典型特点是存在大范围的尾迹流区。对称面上流场中的气
流膨胀并不剧烈,在所有迎角下,气流膨胀都没有超过马赫数 0.8,对称面流
场中不存在可以造成局部压力和温度急剧增加的激波结构,这对飞行员的
身体承受是很有利的。但是,当来流马赫数为 0.90 时,在座椅顶部产生了局
部低超声速区,而来流马赫数到 1.20 时,在座椅顶部产生了局部超声速区,

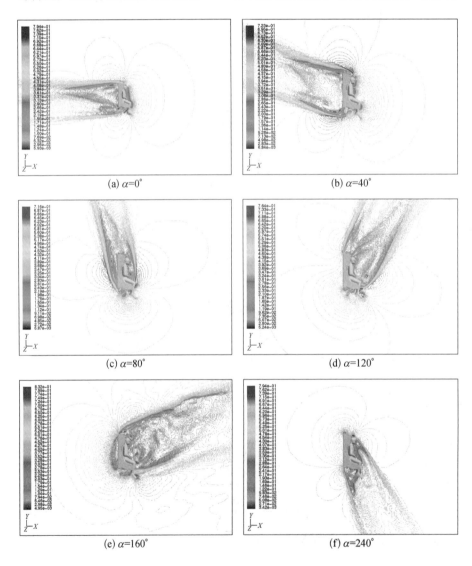

(a) $\alpha=0°$ (b) $\alpha=40°$

(c) $\alpha=80°$ (d) $\alpha=120°$

(e) $\alpha=160°$ (f) $\alpha=240°$

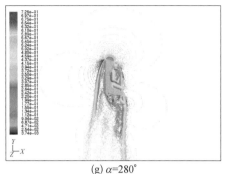 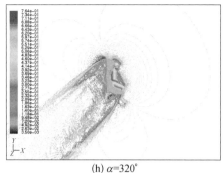

(g) $\alpha=280°$　　　　　　　　　　(h) $\alpha=320°$

图 6.4　纵向对称面($Z=0$)马赫数等值线图[$Ma=0.60$; $\alpha=0°(360°)\sim320°$]

且在人椅系统正对来流方向形成脱体激波,如图 6.5 所示。从图 6.6 可见,在来流马赫数为 0.60 时,尽管在对称面上流场中气流膨胀均未超过马赫数 0.8,但在人体两侧气流已膨胀至低超声速,当来流马赫数增至 0.90、1.20 时,人体两侧及两小腿外侧气流已膨胀至超声速。

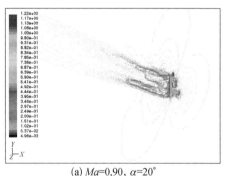 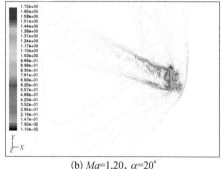

(a) $Ma=0.90$, $\alpha=20°$　　　　　　(b) $Ma=1.20$, $\alpha=20°$

图 6.5　纵向对称面($Z=0$)马赫数等值线图($Ma=0.90$、1.20;$\alpha=20°$)

 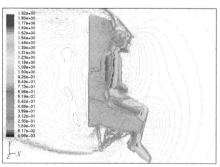

(a) $Ma=0.60$, $\alpha=20°$　　　　　　(b) $Ma=0.90$, $\alpha=20°$

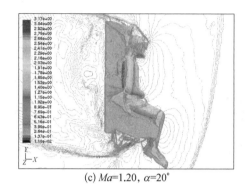

(c) $Ma=1.20$, $\alpha=20°$

图 6.6　人椅系统表面与对称面马赫数等值线比较图（$Ma=0.60$、0.90、1.20；$\alpha=20°$）

为了能够更加清楚地显示人椅系统周围旋涡的情况,本文给出了纵向对称面($Z=0$)上速度矢量图,如图 6.7 和图 6.8 所示。图 6.7 显示的是人体头部附近的速度矢量,图 6.8 显示的是人体腿部和出舱稳定装置附近的速度矢量。从这两组图中可以清楚地观察到旋涡的分布变化情况,这是试验受条件所限做不到的。这也说明计算是试验方法的一种很好的补充研究手段。

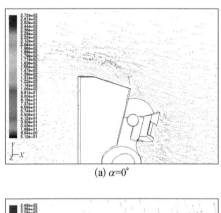

(a) $\alpha=0°$

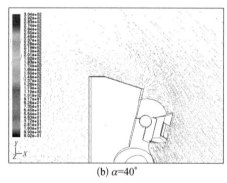

(b) $\alpha=40°$

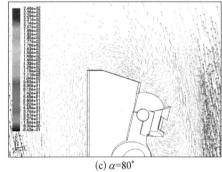

(c) $\alpha=80°$

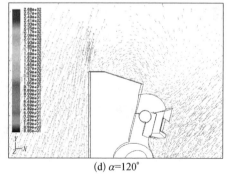

(d) $\alpha=120°$

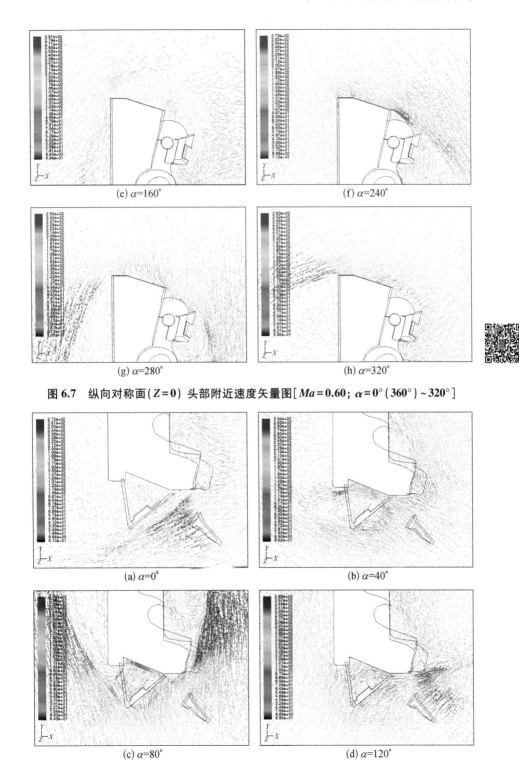

(e) $\alpha=160°$

(f) $\alpha=240°$

(g) $\alpha=280°$

(h) $\alpha=320°$

图 6.7　纵向对称面($Z=0$)头部附近速度矢量图[$Ma=0.60$；$\alpha=0°(360°)\sim320°$]

(a) $\alpha=0°$

(b) $\alpha=40°$

(c) $\alpha=80°$

(d) $\alpha=120°$

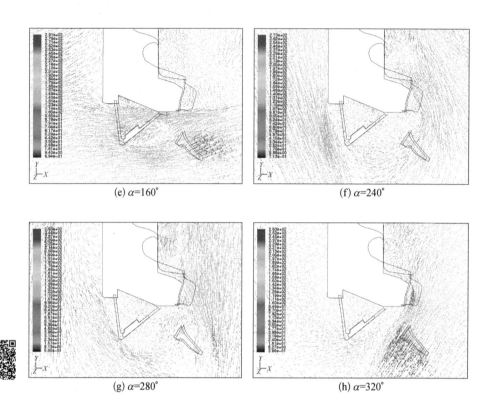

(e) $\alpha=160°$　　　　　　　　　　　　(f) $\alpha=240°$

(g) $\alpha=280°$　　　　　　　　　　　　(h) $\alpha=320°$

图 6.8　纵向对称面($Z=0$)腿部附近速度矢量图[$Ma=0.60$; $\alpha=0°$($360°$)~$320°$]

另外,本书还给出了人椅系统表面静压等值线图与由静压标记颜色的迹线图。限于篇幅,这里只给出了迎角为 $20°$ 的结果,如图 6.9 所示。这些图清楚显示了流场的流态。图 6.10 给出了部分侧滑角、迎角在 $Y=0.06$ 横截面处 $Ma=0.60$、0.90、1.20 时的速度矢量图、静压等值线图,从图中可见,随着侧滑角负值增大,正压向飞机人椅系统侧面移动。

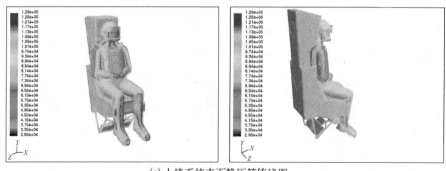

(a) 人椅系统表面静压等值线图

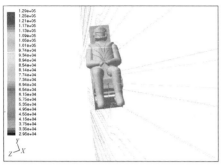
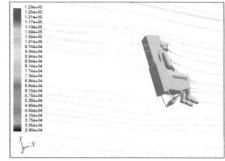
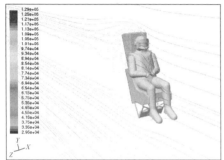
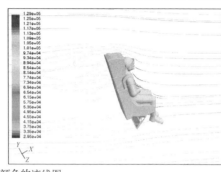

(b) 由静压标记颜色的迹线图

图 6.9　人椅系统表面压力分布与迹线图($Ma=0.60$; $\alpha=20°$)

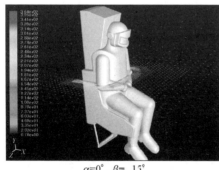

$\alpha=0°$, $\beta=-15°$

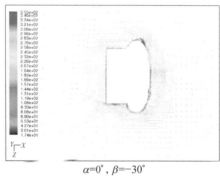

$\alpha=0°$, $\beta=-30°$

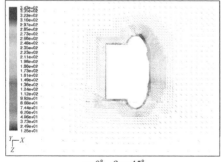

$\alpha=0°$, $\beta=-45°$

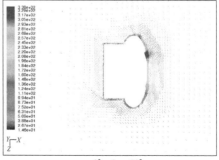

$\alpha=0°$, $\beta=-60°$

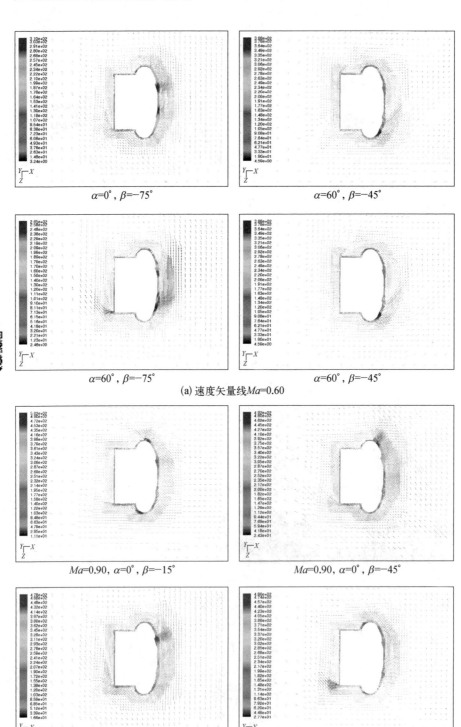

$\alpha=0°$, $\beta=-75°$ $\alpha=60°$, $\beta=-45°$

$\alpha=60°$, $\beta=-75°$ $\alpha=60°$, $\beta=-45°$

(a) 速度矢量线 $Ma=0.60$

$Ma=0.90$, $\alpha=0°$, $\beta=-15°$ $Ma=0.90$, $\alpha=0°$, $\beta=-45°$

$Ma=0.90$, $\alpha=0°$, $\beta=-75°$ $Ma=0.90$, $\alpha=60°$, $\beta=-45°$

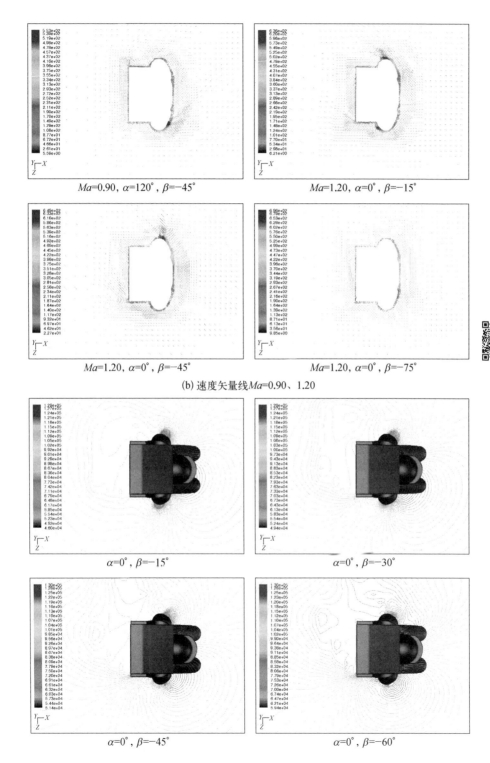

Ma=0.90, α=120°, β=−45°

Ma=1.20, α=0°, β=−15°

Ma=1.20, α=0°, β=−45°

Ma=1.20, α=0°, β=−75°

(b) 速度矢量线Ma=0.90、1.20

α=0°, β=−15°

α=0°, β=−30°

α=0°, β=−45°

α=0°, β=−60°

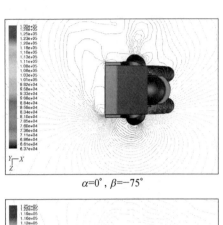

$\alpha=0°$，$\beta=-75°$

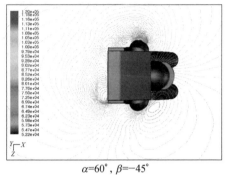

$\alpha=60°$，$\beta=-45°$

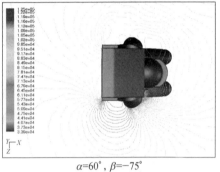

$\alpha=60°$，$\beta=-75°$

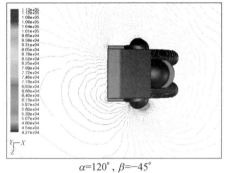

$\alpha=120°$，$\beta=-45°$

(c) 静压等值线 $Ma=0.60$

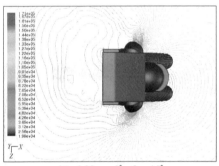

$Ma=0.90$，$\alpha=0°$，$\beta=-15°$

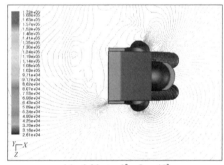

$Ma=0.90$，$\alpha=0°$，$\beta=-45°$

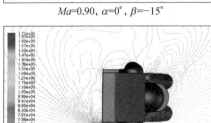

$Ma=0.90$，$\alpha=0°$，$\beta=-75°$

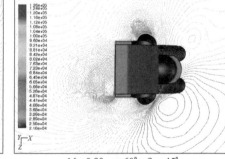

$Ma=0.90$，$\alpha=60°$，$\beta=-45°$

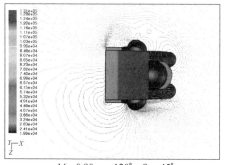

$Ma=0.90,\ \alpha=120^\circ,\ \beta=-45^\circ$

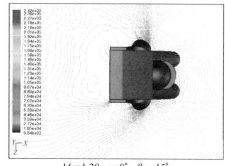

$Ma=1.20,\ \alpha=0^\circ,\ \beta=-15^\circ$

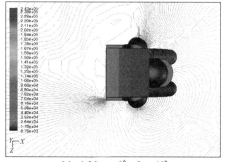

$Ma=1.20,\ \alpha=0^\circ,\ \beta=-45^\circ$

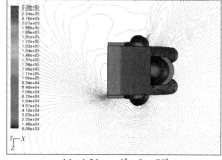

$Ma=1.20,\ \alpha=0^\circ,\ \beta=-75^\circ$

(d) 静压等值线 $Ma=0.90$、1.20

图 6.10　$Y=0.06$ 横截面处有侧滑时压力与速度分布

6.2　人椅系统数值模拟研究结果与试验研究结果比较分析

本书第 4 章采用所发展的混合型流场解算器和所阐述的处理方法对飞机人椅系统进行了 $0^\circ \sim 360^\circ$ 迎角范围的数值模拟计算，下面将计算得到的升力系数、阻力系数和力矩系数与风洞试验研究结果进行对比。

图 6.11 给出了计算状态 $Ma=0.60$、$\alpha=0^\circ \sim 360^\circ$（$\beta=0^\circ$）时的一组对比数据曲线，其中计算用的参考面积、参考长度与风洞试验相同。从图中可见，计算值与试验结果吻合较好，计算的升力系数 C_{y_t}、阻力系数 C_{x_t} 与试验结果不管是变化趋势还是具体量值都吻合较好，而计算的俯仰力矩系数 m_{z_t} 值与试验结果相对差距稍大一些。对俯仰力矩系数 m_{z_t} 来说，其原因是计算模型略有简化（简化了人体与座椅之间的小缝隙），而力矩系数对几何模型的准确性更加敏感。因此，要把俯仰力矩系数计算准确，首先要求三维建模要非常准确，其次是表面网格较密，并且贴体，以便准确模拟几何模型，同时，

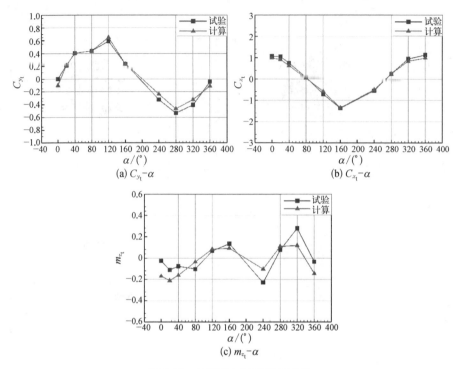

图 6.11　计算值与试验结果对比

要求网格向空间生长时变化要较缓。这些改进将在后续工作中开展以期获得更加准确的结果。另外,通过计算也可对人体任意位置所受的压力进行积分来观察身体某个部位所受的力是否超出了飞行员所能承受的情况,以便作进一步的改型优化设计。而且计算得到流场中所有位置的所有物理量结果可以保存,在任何需要的时候可以从中提取所需要的数据。这些工作是试验方法所不能很好完成的,这也可以说明计算与试验是相互补充的研究手段,两者紧密结合可以对问题研究得更加深入。计算值与试验结果的一致性充分说明了本书建立的高速风洞飞机人椅系统试验方法所获得的试验结果是可靠的,同时也说明本书所发展的飞机人椅系统数值模拟方法是可行的。

6.3　人椅系统空气动力特性分析

6.3.1　人椅系统空气动力特性分析与快速预估

从 6.1 节中给出的飞机人椅系统数值模拟计算结果可看出,从总体上讲,其流动特性有如下特点:一是不管气流从哪个方向来,在飞机人椅系统的迎风侧主要是附着流区(即只有局部分离区),而背风侧几乎全是气流分离形成的尾迹区;二是飞机人椅系统绕流与气流绕过流线体的翼型或翼面状况不同,在整个迎角和侧滑角范围气流绕过飞机人椅系统均为钝体流动特性,从图 6.10 中 $Ma=0.60$ 的数值计算得到的纵向对称面($Z=0$)静压等值线图可见,无论迎角怎么变化,在来流方向均产生正压,且正压大体相同(表 6.1),只是所作用的面积在来流方向投影的大小不同。从表 6.1 可见,在 $\alpha=80°$、$280°$ 时飞机人椅系统表面 C_{pmin}。值基本相当,其绝对值值小于其余迎角时的值,并且其余迎角下的 C_{pmin} 值差别不大。从整个飞机人椅系统来看,宏观上是在顺来流方向形成尾迹区。对翼型和机翼这类流线体而言,在平行于物面的来流分量和垂直于物面的来流分量的共同作用下会产生环量。而不同方向的来流分量与环量的作用会产生垂直于各来流分量的空气动力,并可用茹科夫斯基定理算出。气流绕过翼型和机翼时也会产生由边界层形成的摩擦和物面的压差而构成阻力,但阻力与升力相比是小量。相反,从宏观上来讲,整个飞机人椅系统上的绕流呈现为钝体流动特性,在来流方向以形成压差阻力为主。另外,三个力分量中还包含了升力、附着流的边界层内形成的摩阻以及有侧滑时形成的吸力(因为人体两臂和两腿横截面均近似为圆形,不管处于迎风侧还是背风侧这些部位的绕流基本处于附着状态)在所在轴上的分量。一般说来,相对压差阻力而言,摩阻、升力、吸力是小量,因此,人椅系统的三个力分量主要由压差阻力形成。同时,这些力还包含摩阻、吸力、升力等部分在 OX_t、OY_t、OZ_t 轴方向的分量,只不过这些分量相对压差阻力来说是次要的,甚至在有些状态可以忽略。一般说来,三个力分量作用点不会正好通过坐标原点,因此,三个力分量也会形成三个坐标轴的力矩。

表 6.1　飞机人椅系统表面压差最大、最小值($Ma=0.60$)

α	C_{pmax}	C_{pmin}	α	C_{pmax}	C_{pmin}
0°	1.096	−2.750	160°	1.049	−2.555
20°	1.098	−2.814	240°	1.082	−2.356
40°	1.100	−2.979	280°	1.106	−1.601
80°	1.088	−1.653	320°	1.096	−3.031
120°	1.098	−2.264	360°	1.096	−2.750

为便于分析试验数据,定义飞机人椅系统产生的平均压差系数值为 C_p,其在 OY 轴上的分量为 C_{py},飞机人椅系统垂直于 OY 轴上的最大横截面面积

为 S_1；压差 C_p 在 OX 轴上的分量为 C_{px}，垂直于 OX 轴的最大横截面面积为 S_2；压差 C_p 在 OZ 轴上的分量为 C_{pz}，垂直于 OZ 轴的最大横截面面积为 S_3。计及摩阻、升力和吸力在 OY 轴上投影的分量，那么本研究中体轴系的升力 C_{y_t} 可用下式表达：

$$C_{y_t} = \frac{C_{py}\frac{1}{2}\rho_\infty V_\infty^2 S_1}{\frac{1}{2}\rho_\infty V_\infty^2 S} + \Delta C_{y_t} = \frac{S_1}{S}C_{py} + \Delta C_{y_t} = \frac{S_1}{S}C_p\cos\beta\sin\alpha + \Delta C_{y_t}$$

$$(6.1)$$

同理，阻力系数和侧向力系数应分别为

$$C_{x_t} = \frac{S_2}{S}C_{px} + \Delta C_{x_t} = \frac{S_2}{S}C_p\cos\beta\sin\alpha + \Delta C_{x_t} \qquad (6.2)$$

$$C_{x_t} = \frac{S_3}{S}C_{pz} = \frac{S_3}{S}C_p\sin\beta \qquad (6.3)$$

根据前述对人椅系统体轴系中三个力分量构成的分析和 6.1 节中给出的数值计算结果可知，对于飞机人椅系统这种钝体外形，在式（6.1）~式（6.3）中，压差 C_p 主要取决于其几何外形和来流马赫数。对给定的飞机人椅系统和来流马赫数，其 C_p 的量值也就基本确定了，但不同迎角 α 及不同侧滑角 β 的变化对 C_p 也会有一定的影响。从总体上讲，式（6.1）~式（6.3）基本上反映了飞机人椅系统三个分量力（C_{x_t}、C_{y_t}、C_{z_t}）的特性。

再根据飞机人椅系统外形特点分析 OX、OY 和 OZ 三个轴上空气动力分量的作用点。对飞机人椅系统而言，它唯一的对称面是 XOY 平面。因此，OY 轴上升力 Y 的作用点到 XOZ 平面的距离 $X_{dy} \neq 0$，X_{dy} 就是 Y（或 C_{y_t}）的压力中心在 OX 轴上的坐标。此外，虽然 XOY 是对称面，但 $\beta \neq 0°$ 时，侧风会使 Y 的作用点位置偏离 XOY 平面，即在 $\beta \neq 0°$ 时升力 Y 的作用点在 OZ 轴上的坐标 $Z_{dy} \neq 0$，也会有个小值。

由于 XOZ 平面并非飞机人椅系统的对称面，那么阻力 X 的作用点在 OY 轴上的坐标是有值的，定义 Y_{dx} 为阻力 X 的压力中心在 OY 轴上的坐标。虽然 XOY 平面是飞机人椅系统的对称面，但 $\beta \neq 0°$ 时，会破坏气流关于 XOY 平面的对称性,因此,在 $\beta\neq0°$ 时阻力 X 作用点在 OZ 轴上的坐标值非零,将该坐标值定义为 Z_{dx}。

由于 XOZ 平面和 YOZ 平面均为非对称面,因此,侧向力 Z 的作用点在 OX 轴上的坐标和在 OY 轴上的坐标均为非零值。将 X_{dz} 和 Y_{dz} 分别定义为侧向力作用点在 OX 轴和 OY 轴上的坐标值。

根据上述讨论与定义,可给出三分量力矩系数表达式如下:

$$m_{z_t} = + C_{x_t}Y_{dx}/L + C_{y_t}Y_{dy}/L$$

$$m_{x_t} = + C_{z_t}Y_{dz}/L - C_{y_t}Y_{dy}/L \qquad (6.4)$$

$$m_{y_t} = - C_{x_t}Y_{dx}/L - C_{z_t}Y_{dz}/L$$

式(6.4)中,X_{dy}、X_{dz}、Y_{dx}、Y_{dz}、Z_{dx} 和 Z_{dy} 取决于飞机人椅系统具体外形和来流马赫数。但是,对给定外形和马赫数,以上各种压力中心位置还会随飞机人椅系统姿态角的变化而产生一定的变化。人椅系统作为一种复杂的非流线型钝体外形,即便小的姿态变化也会引起绕流中的分离区有一定的变化,从而使各压力中心发生相应的变化。

根据上述分析及式(6.1)~式(6.3)可建立人椅系统空气动力特性工程快速预估方法。为验证其可靠性,对人椅系统的大迎角大侧滑角空气动力特性进行计算,并且与风洞试验结果进行了比较。图6.12~图6.14分别给出了 $Ma=0.60$、1.20,$\alpha=0°\sim360°$,$\beta=0°\sim100°$ 条件下的工程估算结果与风洞试验数据的比较。从图中的比较结果可见,估算结果与风洞试验数据具有较好的关联性,验证了本章所建立的工程预估方法的可靠性。图6.14中

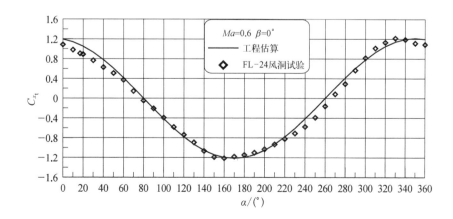

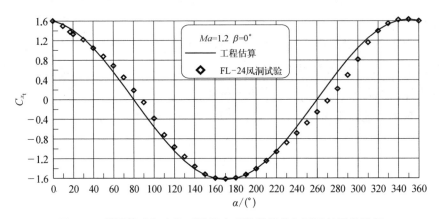

图 6.12　某型战斗机人椅系统阻力系数估算值与试验结果的比较

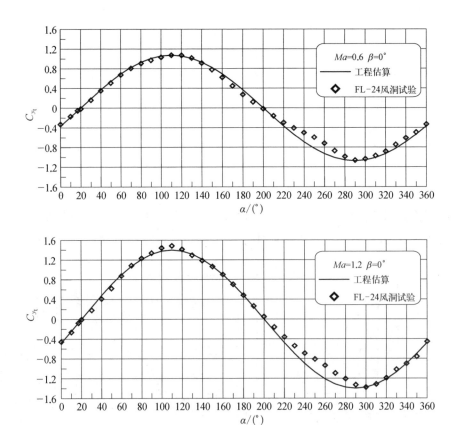

图 6.13　某型战斗机人椅系统升力系数估算值与试验结果的比较

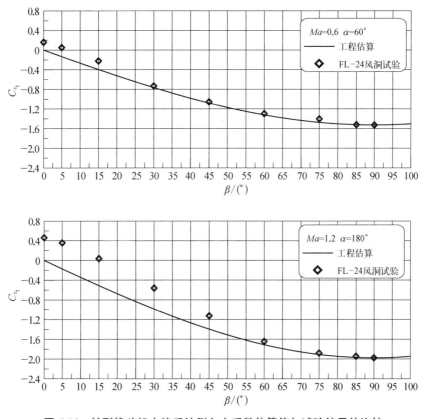

图 6.14　某型战斗机人椅系统侧向力系数估算值与试验结果的比较

出现的小侧滑角下横向力系数估算值与试验数据差异较大的原因在于,风洞试验采用"Π"型支撑装置,在小侧滑角条件下,侧支杆正好处在迎风侧,引起了明显的支撑干扰,导致横向力试验数据失真(如当 $\beta=0°$ 时,横向力应等于 0,而此时的横向力试验值包含明显的支撑干扰量),在这种情况下,估算结果比试验值更趋合理。此外,从曲线可看出,人椅系统的法向力特性表现为法向力系数随迎角化近似呈正弦曲线变化;轴向力特性表现为轴向力随迎角变化近似呈余弦变化;横向力特性表现为横向力系数随侧滑角变化近似呈正弦变化。

人椅系统在整个迎角和侧滑角范围气流绕过人椅系统均为钝体流动特性,利用传统的风洞试验技术和数值模拟方法获取其空气动力特性成本高且周期长,在弹射救生系统的早期设计采用工程计算方法,可以快速获得人椅系统的空气动力特性。

6.3.2　飞机人椅系统升力特性

图 6.15 和图 6.16 分别给出的是飞机人椅系统模型升力系数 C_{y_t} 随迎角 α 变化的马赫数影响和侧滑角影响比较曲线。

从图 6.15 中 $\beta=0°$ 时的 $C_{y_t}-\alpha$ 曲线可见，C_{y_t} 随 α 变化近似呈正弦曲线变化。令式 (6.1) 中的侧滑角 $\beta=0°$，考虑到 ΔC_{y_t} 与第一项相比，量值相对较小，那么飞机人椅系统模型的 C_{y_t} 随 α 基本应按 $C_{y_t} \propto \sin\alpha$ 规律变化。从图 6.1 中数值模拟计算得到的纵向对称面 $(Z=0)$ 静压等值线图可见，随着迎

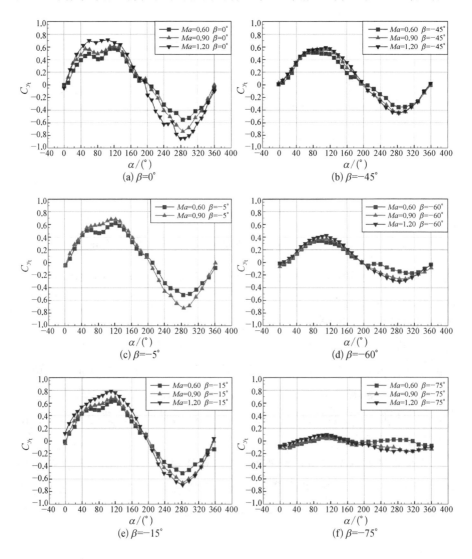

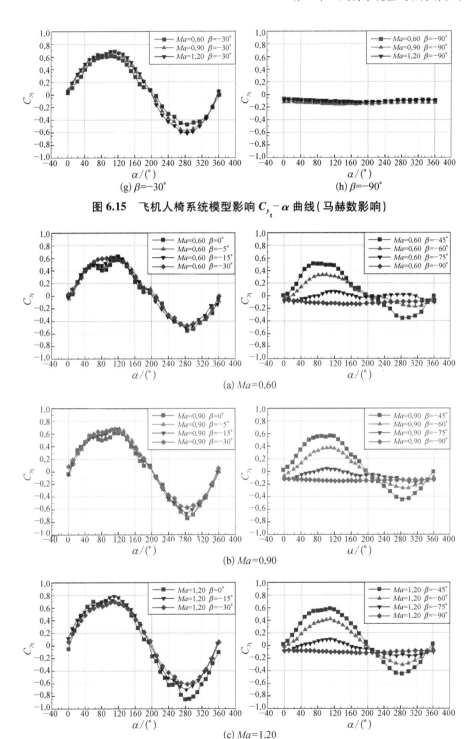

(g) $\beta=-30°$　　　　(h) $\beta=-90°$

图 6.15　飞机人椅系统模型影响 $C_{y_t}-\alpha$ 曲线（马赫数影响）

(a) $Ma=0.60$

(b) $Ma=0.90$

(c) $Ma=1.20$

图 6.16　飞机人椅系统模型影响 $C_{y_t}-\alpha$ 曲线（侧滑角影响）

角增大，来流方向所产生的正压从人体正面向人体下面移动（升力增大），从座椅下部向座椅背部移动（升力下降），从座椅背部向人体头部移动（升力负值增大），从人体头部向人体正面移动（升力负值下降），至 $\alpha = 360°$ 时正压又回到人体正面，由此可看出 C_{y_t} 随 α 基本呈现为正弦曲线变化规律。试验结果也显示出了 C_{y_t} 随 α 近似按正弦规律变化。但在图 6.15 给出的试验曲线中可明显看出，$\alpha = 280°$ 时 C_{y_t} 绝对值明显大于 $\alpha = 80°$ 时的 C_{y_t} 值，这说明气流从飞机人椅系统头部方向吹袭时产生的压差阻力比从脚下吹袭飞机人椅系统时产生的压差阻力大，图 6.1 中给出的 $\alpha = 80°$、$280°$ 的纵向对称面（$Z = 0$）静压等值线分布规律也可证明这点。另外，从图 6.15 中 $\beta = 0°$ 的曲线图还可见，$\alpha = 60°$ 和 $\alpha = 120°$ 时 C_{y_t} 大于 $\alpha = 80°$ 时的 C_{y_t}，这也是由于在这两种条件下的压差阻力大于 $\alpha = 80°$ 时的值。

从图 6.15 中 $\beta = 0°$ 的曲线还可看出对给定的 $Ma = 0.60$、0.90、1.20，随着马赫数增长 C_{y_t} 的绝对值也增长，这是压缩性影响所致。但这里必须指出，在 $0.90 \leqslant Ma \leqslant 1.20$ 范围内，随马赫数增长 C_{y_t} 绝对值是否是单调增长，尚不能作定论，因为目前尚无 $Ma = 1.00$ 和 $Ma = 1.10$ 时的试验值。

式（6.1）显示，在 $\beta = 0° \sim -90°$ 范围内，随着 β 负值增大，C_{y_t} 将按 $\cos\beta$ 的变化规律降低，且降低程度将随 β 负值增大而加快，$\beta = -90°$ 时式（6.1）中的第一项变为零值。图 6.16 为侧滑角对飞机人椅系统模型 C_{y_t} 影响的比较曲线，从图中可见，一般说来，在 $0° \leqslant \beta \leqslant 30°$ 以及整个试验马赫数和试验迎角范围内，侧滑角变化对 C_{y_t} 影响不大，在 $30° < \beta \leqslant 90°$ 范围内，随着侧滑角负值增大，C_{y_t} 的绝对值下降明显，在 $\beta = -90°$ 时，C_{y_t} 随 α 变化近似为一个比较小的常值，这也说明了前述分析 ΔC_{y_t} 是一个小量是正确的。因此，图 6.16 中各马赫数下的 $C_{y_t} \sim \alpha$ 曲线所呈现出的变化规律与式（6.1）所预示的变化规律基本相符。

6.3.3　飞机人椅系统阻力特性

图 6.17 和图 6.18 中给出了飞机人椅系统模型的阻力系数 C_{x_t} 随迎角 α 的变化曲线，并给出了马赫数和侧滑角 β 对阻力系数 C_{x_t} 的影响。

从图 6.17（a）（$\beta = 0°$）给出的比较曲线可见，对三个试验马赫数 0.60、0.90 和 1.20，飞机人椅系统的 C_{x_t} 随 α 均呈现出近似于余弦曲线的变化关系。从前述分析可知，式（6.2）中 ΔC_{x_t} 项相对于第一项的量值而言是一个小量，因此，在 $\beta = 0°$ 时，C_{x_t} 随 α 的变化可近似认为是按正比于 $\cos\alpha$ 的规律而变化

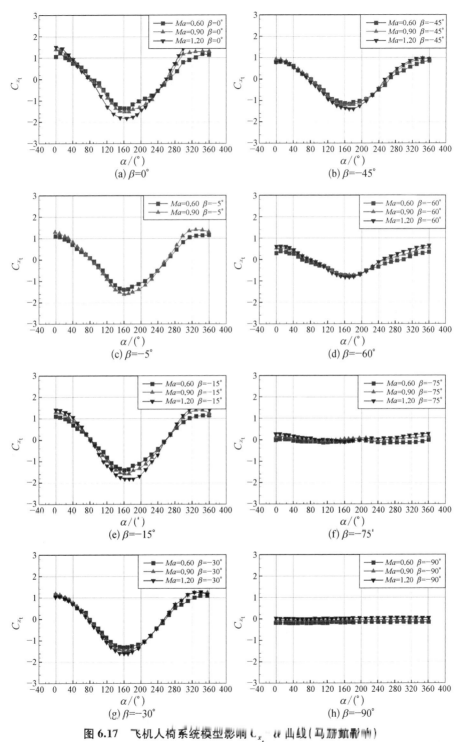

图 6.17　飞机人椅系统模型影响 C_{x_t}-α 曲线(马赫数影响)

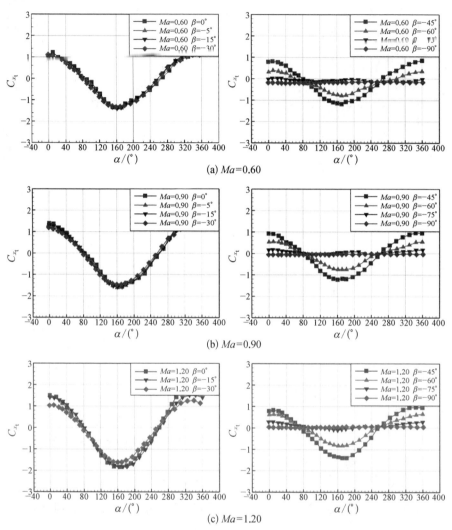

(a) $Ma=0.60$

(b) $Ma=0.90$

(c) $Ma=1.20$

图 6.18　飞机人椅系统模型影响 $C_{x_t}-\alpha$ 曲线(侧滑角影响)

的。显然,图 6.17(a)中 C_{x_t} 随 α 的变化规律与式(6.2)预示的规律基本上是一致的。对于 $\cos\alpha$,在 $\alpha=0°(360°)$、$180°$ 时曲线函数值应达到峰值,在图 6.17(a)中,$\alpha=0°(360°)$、$180°$ 时 $C_{x_t}-\alpha$ 曲线的确出现了峰值,但其绝对值略有差异,这是因为气流从人椅系统正面吹袭与气流从其背面吹袭所产生的 C_p 不同(图 6.1)。从图 6.1 给出的纵向对称面($Z=0$)静压等值线图可见,由于 $\alpha=0°(360°)$ 处人椅系统在 OX 轴上投影面积最大,因而此时产生的压差所作用的面积最大,即在来流方向产生的压差阻力达到正峰值,随着迎角增大($\alpha\leqslant90°$)投影面积减小,压差所作用的面积减小,即压差阻力降低;在 $90° \leqslant \alpha \leqslant 180°$ 这一迎角范围,投影面积又开始增大,且来流转向从人椅系统背部吹袭过来,因而 C_{x_t} 呈现为负值增大,在 $\alpha = 160°$ 时 C_{x_t} 达到负峰值,且此处 C_{x_t} 的绝对值最大,这说明气流从人椅系统背部吹袭过来所产生的阻力比从正面吹袭产生的阻力大;在 $180° \leqslant \alpha \leqslant 360°$ 时,压差阻力形成规律与 $0° \leqslant \alpha \leqslant 180°$ 的情况类似。即气流与 OX 轴接近于一条线上时(迎角在 $0°$、$170°$、$360°$ 附近),C_{x_t} 的绝对值处于最大值,气流与 OX 轴接近垂直状态时(迎角在 $80°$、$265°$ 附近),C_{x_t} 的绝对值处于最小值。可以说图 6.1 给出的纵向对称面($Z = 0$)静压等值线分布规律也反映出 C_{x_t} 随 α 近似呈现为余弦曲线变化。

图 6.17(a)也给出了马赫数对 C_{x_t} 影响的比较曲线,图中的曲线说明对所进行的三个试验马赫数而言,阻力的绝对值是随马赫数增长而增长的,但气流与 OX 轴接近于垂直状态时,C_{x_t} 值基本上不随马赫数变化。当然与前面的 C_{y_t} 一样,由于未开展 $Ma = 1.0$ 和 $Ma = 1.10$ 的试验,因此,无法确定从 $Ma = 0.90$ 到 $Ma = 1.20$,C_{x_t} 绝对值是否是随马赫数增长而单调增长。

从图 6.17 可见,$Ma = 1.20$ ($\beta = 0°$) 的 C_{x_t} 绝对值明显高于其余马赫数的 C_{x_t} 绝对值,原因可以从图 6.6 所示的 $\alpha = 20°$、$Ma = 1.20$ 的数值模拟计算结果得到解释,从该图中可见,在 $Ma = 1.20$ 时,人椅系统迎向气流前方已形成明显的弓形脱体激波,在脱体激波之后,流动减速变为亚声速,然后在人椅系统上部和下部又加速到低超声速,脱体激波之后压力急剧增高。从图 6.17 中还可见,对其余 β 角条件下,马赫数对 C_{x_t} 的影响与马赫数在 $\beta = 0°$ 条件下对 C_{x_t} 的影响是相同的。但对给定的马赫数和迎角 α,在 $\beta = 0° \sim -90°$ 的试验范围内,侧滑角 β 绝对值增大,C_{x_t} 绝对值随 $\cos \beta$ 的比率下降。且在 $\beta = -90°$ 时,各迎角 α 和马赫数下的 C_{x_t} 基本上为零值或为一个比较小的常值。这说明在宽广的试验条件下,由试验获得的 C_{x_t} 随 α、β 和 Ma 变化规律与式(6.2)所预示的规律基本上是一样的。这与前面所述来流在飞机人椅系统上产生的 C_{y_t} 是一个道理。正因为如此,侧滑角对 C_{x_t} 的影响规律与其对 C_{y_t} 影响规律一样,即在 $0° \leqslant -\beta \leqslant 30°$ 以及整个试验马赫数和迎角范围内,侧滑角变化对 C_{x_t} 也是影响不大,在 $30° \leqslant -\beta \leqslant 90°$ 范围内,随着侧滑角负值增大,C_{x_t} 的绝对值也下降更快(图 6.18)。

通过对比分析 C_{y_t} 和 C_{x_t} 两条曲线中出现的峰值绝对值的大小,可发现 C_{x_t} 峰值的绝对值要比 C_{y_t} 峰值的绝对值大得多。造成这种差异的原因主要是,从式(6.1)和式(6.2)中可知,C_{x_t}正比于S_2,C_{y_t}正比于S_1,而飞机人椅系统在垂直于OX轴上的最大投影面积S_2要比飞机人椅系统在垂直于OY轴上的最大投影面积S_1大。

6.3.4 飞机人椅系统俯仰力矩特性

图6.19中对给定的侧滑角给出了不同试验马赫数下的俯仰力矩系数m_{z_t}随迎角α的变化曲线。在图6.20中对给定的马赫数画出了不同侧滑角条件下俯仰力矩系数m_{z_t}随迎角α的变化曲线。

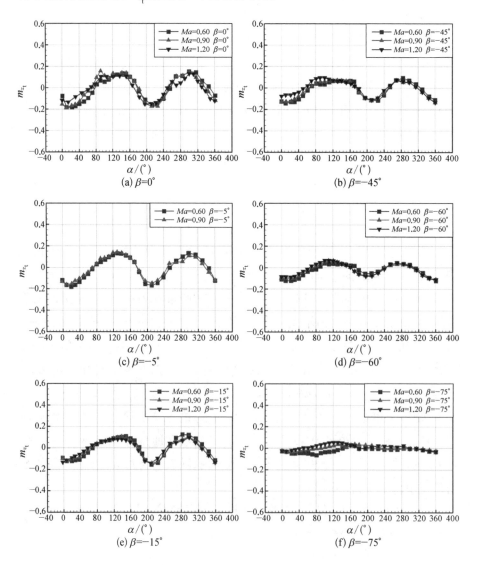

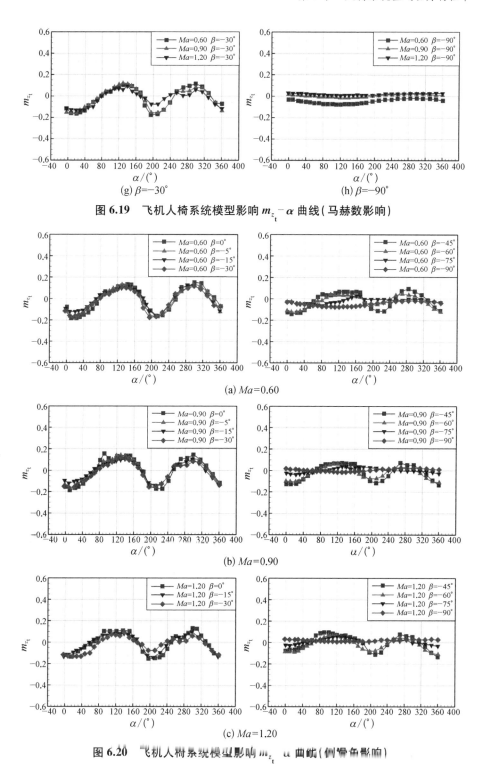

(g) $\beta=-30°$　　　　　　　　(h) $\beta=-90°$

图 6.19　飞机人椅系统模型影响 $m_{z_t}-\alpha$ 曲线(马赫数影响)

(a) $Ma=0.60$

(b) $Ma=0.90$

(c) $Ma=1.20$

图 6.20　飞机人椅系统模型影响 $m_{z_t}-\alpha$ 曲线(侧滑角影响)

从式(6.4)中 m_{z_t} 的表达式可见,它是 C_{y_t}、C_{x_t} 两个分量的力与其相应的力臂相乘而组成的,且可以用前述的 C_{y_t}、C_{x_t} 和 m_{z_t} 的表达式对图 6.13 和图 6.14 中 m_{z_t} 随 α 的变化规律做合理解释。

首先从式(6.1)和式(6.2)中可以看出,对 $\beta = -90°$ 的情况,飞机人椅系统的升力和阻力在各种迎角下均为小量。那么由式(6.4)可以判断,此时各迎角下的 m_{z_t} 也应为小量。再看图 6.19(h),对应的 $\beta = -90°$ 时的曲线,该图显示 α 从 0° 变到 360°,飞机人椅系统的 m_{z_t} 确实是个非常接近零的小量。

从图 6.19(a)($\beta = 0°$)中可见,随迎角 α 从 0° 变化到 360°,m_{z_t} 也随之不断地起伏变化,变化规律相对 $C_{y_t} - \alpha$、$C_{x_t} - \alpha$ 曲线要复杂些。先分析 $m_{z_t} - \alpha$ 曲线上的几个特征点,即 $\alpha = 0°$(360°)、90°、180° 和 270°。$\alpha = 0°$ 时 $C_{y_t} \approx 0$,此时 m_{z_t} 主要由 C_{x_t} 产生,而此时 m_{z_t} 为一负值,但阻力为正值。由此按式(6.4)中的表达推出,来流从正面吹袭飞机人椅系统时,C_{x_t} 的作用点在 XOZ 平面下方,即它在 OY 轴上的坐标为负值。在 $\alpha = 180°$ 时,C_{y_t} 为一小量,此时 m_{z_t} 主要是由 C_{x_t} 产生,这时 m_{z_t} 为负值,但此时 C_{x_t} 为负值,因此,可知此时 C_{x_t} 的作用点在 XOZ 平面之上,即它在 OY 轴上的坐标为正值。这说明阻力方向变化时其作用点在 OY 轴上的坐标符号也在变化。在 $\alpha = 90°$ 时,C_{x_t} 为一小量,此时 m_{z_t} 主要由 C_{y_t} 产生,从图 6.19(a)中可知,此时 m_{z_t} 为正值,且此时升力 C_{y_t} 也为正值。因此,正 C_{y_t} 的作用点在 OX 轴上的坐标为正值。在 $\alpha = 270°$ 时,C_{x_t} 也为一小量,此时亦可由试验的 m_{z_t} 和 C_{y_t} 近似求出在 OX 轴上作用点的坐标值,从图 6.19(a)中求出 C_{y_t} 的作用点在 OX 轴上的坐标为负值,这说明 C_{y_t} 变号时其作用点在 OX 轴上的坐标也变号。从前面所述中已知 C_{y_t} 随 α 是近似按正弦规律变化的,C_{x_t} 随 α 则是近似按余弦规律变化的。正是由于 C_{y_t}、C_{x_t} 随 α 的这种变化规律,与前述其作用点的变化规律形成了 $m_{z_t} - \alpha$ 曲线比较复杂的变化规律。

从图 6.19 可见,在 $\alpha = 0° \sim 360°$ 范围内,$\beta = 0° \sim -60°$ 时,每一个状态都对应有四个俯仰力矩平衡点,即 m_{z_t} 有四个零值,同时还有两个负峰值、两个正峰值。如 $Ma = 0.90$、$\beta = -60°$ 时,飞机人椅系统模型的俯仰力矩平衡点分别在 $\alpha \approx 68°$、163°、236° 和 311° 处。一般说来,在 $\alpha = 0° \sim 10°$、140° $\sim 210°$ 和 300° $\sim 360°$($\beta = 0° \sim -60°$)范围内,飞机人椅系统模型处于纵向静稳定或中立稳定状态,而在其余迎角范围内,飞机人椅系统模型处于纵向静不稳定状态。由此可见,在 $Ma = 0.90$、$\beta = -60°$ 时,在俯仰力矩平衡点 $\alpha \approx 163°$、311° 处俯仰力矩静导数为负值,即飞机人椅系统模型是静稳定的,而在平衡点

$\alpha \approx 68°$、$236°$处俯仰力矩静导数为正值,即飞机人椅系统模型是静不稳定的。尤其需要指出的是,在 $Ma = 0.60$、0.90 及 $\beta = 0° \sim -90°$、$Ma = 1.20$ 及 $\beta = 0° \sim -15°$时,由于飞机人椅系统模型带有出舱稳定装置,以致在 $\alpha = 0° \sim 22°$时,飞机人椅系统模型的俯仰力矩静导数为负值或接近于零值,即飞机人椅系统模型处于纵向静稳定状态或中立稳定状态。参考文献[23]的试验研究结果表明,在这一小迎角范围内,弹射座椅未采用出舱稳定装置是静不稳定的,这表明出舱稳定装置能改善弹射座椅在某些迎角范围的纵向静稳定性。

从图 6.19 的 $m_{z_t} - \alpha$ 比较曲线可见,各马赫数的 $m_{z_t} - \alpha$ 变化趋势基本一致,且马赫数对 m_{z_t} 的影响不十分明显。从式(6.4)可见,m_{z_t} 和 C_{y_t}、C_{x_t} 一样与 $\cos\beta$ 变化近似成正比。图 6.20 的 $m_{z_t} - \alpha$ 比较曲线也说明了这点,即在 $0° \le -\beta \le 30°$范围,侧滑角变化对 m_{z_t} 影响较小,而在 $30° \le -\beta \le 90°$范围,侧滑角变化对 m_{z_t} 影响则比较明显。

6.3.5　飞机人椅系统侧向力特性

图 6.21 中给出了给定侧滑角条件下侧向力系数随迎角变化的马赫数影响比较曲线,图 6.22 给出了给定马赫数下侧向力系数 C_{z_t} 随迎角变化的侧滑

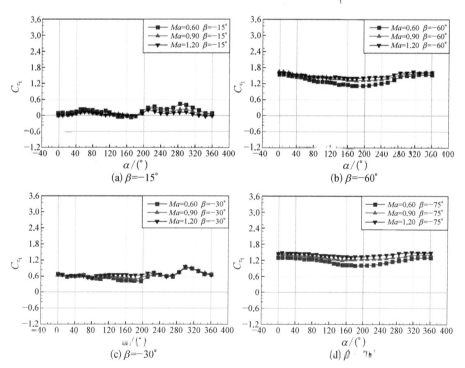

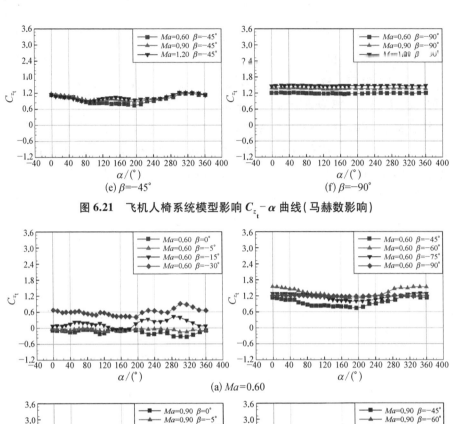

(e) $\beta=-45°$ (f) $\beta=-90°$

图 6.21　飞机人椅系统模型影响 $C_{z_t}-\alpha$ 曲线（马赫数影响）

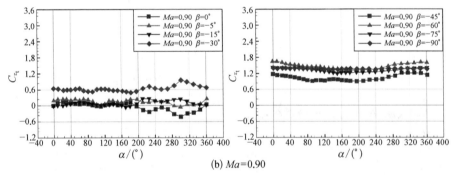

(a) $Ma=0.60$

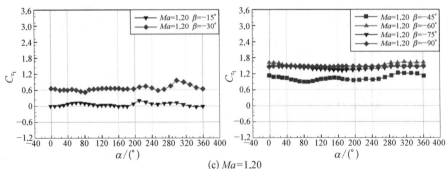

(b) $Ma=0.90$

(c) $Ma=1.20$

图 6.22　飞机人椅系统模型影响 $C_{z_t}-\alpha$ 曲线（侧滑角影响）

角影响比较曲线。

图 6.21 中 $\beta = -90°$ 的 C_{z_t} 随迎角 α 变化之所以保持为一常数，原因在于此状态时无论迎角怎么变化，人椅系统迎风面积始终都保持不变，即相对气流而言，人椅系统姿态始终保持不变。因此，如令式（6.3）中 $\beta = -90°$，则此时该式中的 C_p、ΔC_{z_t} 应为常数，其中 C_{z_t} 主要由压差 C_p 构成，其次是摩阻。

从图 6.21 中还可见，各 M 数下的 C_{z_t} 随 α 变化的趋势大致相同，在 $\beta = -30° \sim -75°$ 时，C_{z_t} 随 α 略呈抛物线形状变化。C_{z_t} 随 α 略呈抛物线形状变化原因，可从图 6.10 给出的飞机人椅系统有侧滑时的速度矢量及静压分布图得到合理的解释，从图 6.10 中 $Ma = 0.60（\alpha = 120°，\beta = +45°）$ 的静压分布图可见，人椅系统的右侧人体手臂处存在一明显的低压区，即此时产生一吸力，且与侧向力的方向相反。在 $Ma = 0.90（\alpha = 120°，\beta = +45°）$ 时，人椅系统的右侧人体手臂处的低压区没有 $Ma = 0.60$ 时明显。这可说明图 6.21 中 $Ma = 0.60$ 时 C_{z_t} 随 α 呈抛物线形状变化比其余马赫数更明显。

从图 6.22 可见，在 $\beta = 0° \sim -65°$，C_{z_t} 随着侧滑角负值增大而增大，在 $\beta = -60° \sim -90°$ 时，C_{z_t} 随着侧滑角负值增大变化不大。在 $\alpha = 0° \sim 360°$ 范围内，C_{z_t} 随 α 的变化曲线关于 $\alpha = 180°$ 基本上是对称的。由式（6.3）可近似认为 $C_{z_t} \propto \sin\beta$，而图 6.22 显示出来的侧滑角对 C_{z_t} 的影响规律也说明了这点。

从图 6.21 还可看出对三个试验马赫数 0.60、0.90、1.20，马赫数大时侧向力系数比较大。再进一步分析发现 C_{z_t} 绝对值与 C_{x_t} 值的绝对值相当。这是由于前述的垂直于 OZ 轴的飞机人椅系统最大投影面积 S_3 比较大，它与飞机人椅系统在垂直于 OX 轴平面内的投影面积 S_2 相差不大。

6.3.6　飞机人椅系统滚转力矩特性

图 6.23 中在给定侧滑角 β 条件下给出滚转力矩系数随迎角 α 变化的马赫数影响比较曲线，图 6.24 中在给定马赫数条件下给出了滚转力矩系数 m_{x_t} 随迎角变化的侧滑角影响比较曲线。

由式（6.4）中 m_{x_t} 的表达式可见，m_{x_t} 由 C_y 和 C_z 两部分组成。首先分析图 6.23（f）中 $\beta = -90°$ 的曲线，对于 $\beta = -90°$，从前面的分析可知，C_y 试验值基本上为一个不随 α 而变的小量，那么图 6.23（f）中的 m_{x_t} 应主要由 C_z 产生。从图 6.23（f）中可见，此时 m_{x_t} 也是一个基本上不随 α 而变的接近于零的常值。从图 6.24（c）中可见，此时 C_{z_t} 是一个基本上不随 α 而变的比较大的常值，且

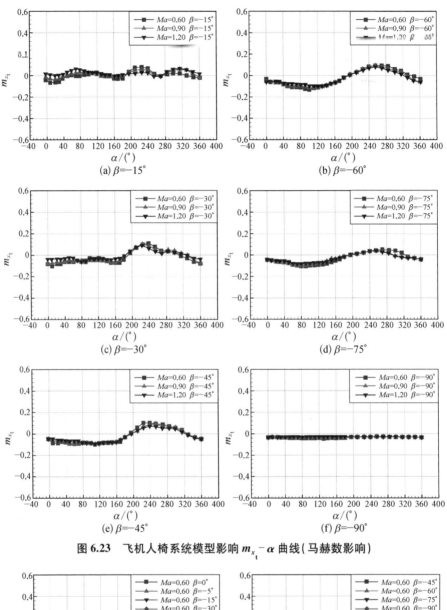

图 6.23　飞机人椅系统模型影响 m_{x_t}－α 曲线（马赫数影响）

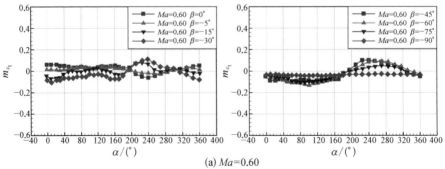

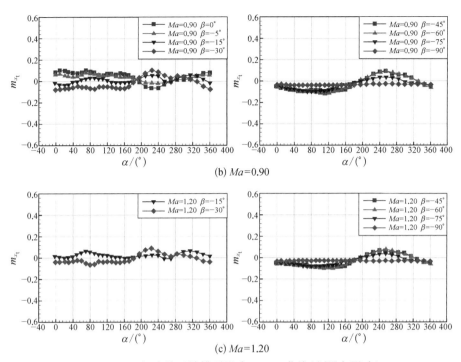

图 6.24　飞机人椅系统模型影响 $m_{x_t} - \alpha$ 曲线(侧滑角影响)

对不同马赫数该常值有一定差异。但在图 6.23(f)中,$m_{x_t} - \alpha$ 曲线显示出不同马赫数下的 m_{x_t} 基本上没有差异。这些现象均表明,式(6.4)中 m_{x_t} 表达式的右边第一项中的 Y_{dz} 非常接近零值,即飞机人椅系统的侧向力作用点在 OY 轴上的坐标非常接近零值。这可能是由于在飞机人椅系统中下面的人体腿部部分对 OX 轴产生的力矩正好与飞机人椅系统上半部分的人体和靠背部分对 OX 轴产生的力矩相抵,而上、下两部分在侧向流冲刷下产生的侧向力又是同向的。

以上对图 6.23(f)的分析可见,在 $\alpha = 0° \sim 360°$ 的范围内,各试验马赫数下飞机人椅系统的侧向力的作用点位置在 OY 轴上的坐标值接近零。进一步可以说,对现在所研究的飞机人椅系统外形,m_{x_t} 全是由 C_{y_t} 产生的,即式(6.4)中的 m_{x_t} 主要是由 C_{y_t} 产生的。因此,式(6.4)中的 m_{x_t} 表达式可简化为

$$m_{x_t} = - C_{y_t} \cdot Z_{dy} / L \tag{6.5}$$

飞机人椅系统 XOY 平面是对称面,如 $\beta = 0°$ 时 C_{y_t} 的作用点在 OZ 轴上的坐标为零值。但有侧滑时迎风侧的 C_{y_t} 略大于背风侧的 C_{y_t},此时 $Z_{dy} \neq 0$。Z_{dy}

的大小应当正比于来流形成的侧向速度。在分析侧向力系数 C_{z_t} 时,对给定 β 角时不同马赫数下, C_{z_t} 值在 $\alpha=0°\sim360°$ 的范围内随 α 变化不大。因此,可假设 Z_{dy} 只随 β 和 Ma 变化,对不同迎角可近似地看为一个不变的常值。把这一假设代入式(6.5)中,就可预计出在图 6.23 中除 $-90°$ 的 β 状态外,不同 Ma 的 m_{x_t} 随 α 变化规律类似 $-C_{y_t}$ 随 α 的变化规律,且在所试验的马赫数范围,马赫数变化对其影响不大。仔细分析图 6.23(a) 至图 6.23(e) 可发现, m_{x_t} 的试验值在 $\alpha=0°\sim360°$ 的范围内,是近似按 $-\sin\alpha$ 规律变化的。

从图 6.24 中可见,除小侧滑角($\beta=0°\sim-15°$)条件下随 α 变化规律稍差外,其余侧滑角条件下, m_{x_t} 随 α 变化规律较好,主要原因是小侧滑角时支撑干扰较大,随着侧滑角负值增大,支撑干扰变小。从图中还可知,在 $\beta=-45°\sim-90°$ 及整个试验迎角范围, m_{x_t} 的绝对值随着侧滑角负值增大而减小(除 $\alpha=180°$ 附近外),即在 $0°\leqslant\alpha<180°$ 范围,飞机人椅系统基本上处于横向静稳定或中立静稳定,而在 $180°\leqslant\alpha\leqslant340°$ 范围,飞机人椅系统基本上处于横向静不稳定或中立静稳定。

6.3.7 飞机人椅系统偏航力矩特性

图 6.25 中在不同的侧滑角 β 条件下,给出了偏航力矩系数 m_{y_t} 随迎角 α 变化的马赫数影响比较曲线,图 6.26 给出了偏航力矩系数随迎角变化的侧滑角影响比较曲线。

纵观这些曲线可以发现,在整个试验范围, m_{y_t} 基本上是零值或比较接近零的小量。据此,从式(6.4)中的 m_{y_t} 表达式可知,产生 m_{y_t} 的侧向力 C_{z_t} 的作用点在 OX 轴上的坐标 X_{dz} 非常接近零,而产生 m_{y_t} 的阻力 C_{x_t} 的作用点在 OZ 轴上的坐标 Z_{dx} 也非常接近零。从图 6.25 中还可发现,在试验范围内, Ma 变

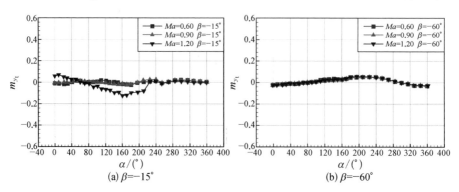

(a) $\beta=-15°$ (b) $\beta=-60°$

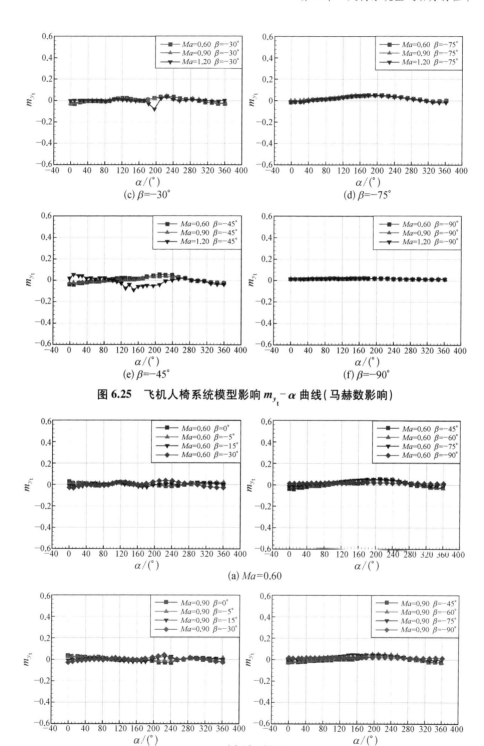

图 6.25　飞机人椅系统模型影响 m_{y_t}－α 曲线（马赫数影响）

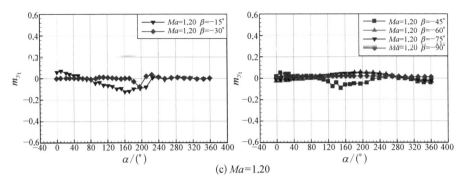

(c) $Ma=1.20$

图 6.26 飞机人椅系统模型影响 $m_{y_t}-\alpha$ 曲线(侧滑角影响)

化对 m_{y_t} 值基本上没有影响,$\beta=-90°$时各马赫数下的 m_{y_t} 在 $\alpha=0°\sim360°$范围基本上是零值。因此,侧向力作用点在 OX 轴上的坐标值 X_{dz} 也接近零。这可能是由于飞机人椅系统上半部分人的上体与靠背部的侧向力对 OY 轴产生的力矩正好被飞机人椅系统的下半部分的腿部侧向力对 OY 轴产生的力矩抵消。那么,在其余侧滑角时不为零的 m_{y_t} 小量则应是 C_{x_t} 产生的。实质上在有侧滑作用下,阻力 C_x 的作用点将偏向于来流同一侧一点,它不会是零,应当是个小量。正是这个小量与 C_{x_t} 的乘积产生了图 6.25 中不等于零的 m_{y_t} 小量。从 C_{x_t} 随迎角的变化规律可知,C_{x_t} 是近似按 $\cos\alpha$ 的规律变化的。那么考虑到式(6.4)的 m_{y_t} 表达式中 C_{x_t} 项前的负号,可以推断出当 m_{y_t} 为不等于零的小量时,该小量将近似按 $-\cos\alpha$ 规律随 α 而变。如图 6.25 中,$\beta=-60°$、$-70°$的 m_{y_t} 有一定的小量,该小量也随迎角近似按 $-\cos\alpha$ 规律而变化。从图 6.26 中可见,在整个试验迎角范围内,m_{y_t} 随 β 变化比较平缓。

第7章　人体空气动力特性及其风洞模拟方法

7.1　概述

当战斗机发生故障或机体损毁,以致飞行员不得不弃机,这时就需要通过弹射人椅系统实现飞行员安全救生,敞开式弹射座椅一直是航空救生技术的主体。敞开式弹射座椅在应急弹射离机的瞬间,飞行员不仅要承受弹射引起的过载(人体纵轴方向),而且其头颈、面部、胸腹部、上下肢体将承受强大的迎面气流的冲击作用,通常把这种冲击作用称为气流吹袭。这种作用是因人椅系统在弹射露出座舱到离机历时很短(0.07～0.14 s),瞬时间内气流的作用非常强。由此可见,在采用敞开弹射座椅救生,尤其是在其高速时弹射出舱,高速气流吹袭导致的飞行员伤亡是一个相当严重的问题,已成为当今航空飞行中实现飞行员安全救生的十分关键及需要研究解决的问题。因此,为确保飞行员的安全,人椅系统在弹射到空中,需要对暴露在气流中的飞行员在高速气流吹袭下所承受的空气动力特性进行研究,根据研究结果采取防护措施。据国外统计结果表明,在弹射救生实践中,因高速气流吹袭导致的飞行员损伤中,四肢气流摔打伤占绝大部分,尤其人体下肢是最容易受伤的部位。因此,开展人体四肢体及头部的空气动力特性研究是研究气流吹袭对飞行员的影响中的最重要因素。国内外对人体四肢及头部的空气动力特性研究都非常重视,开展了大量的研究工作,在这些研究工作中,以试验研究为主。在国外,Payne 等用真人在低速风洞中开展了人体四肢承受的升力、阻力、侧力以及相应的力矩等试验研究。试验的最大速度为55.9 m/s。Anthohy 和 Payne 等用缩比为 1∶2 的人椅模型在不同姿态角和跨声速范围开展了测量人体四肢受力的试验研究,分析了人体四肢所承受的空气动力特性,并研究了座椅的俯仰、偏航、座舱和偏流板等因素对人体四肢空气动力特性的影响,同时,还测量和研究了人体头盔上的阻力、升力及侧力。Schneck 通过空气动力理论对带关节的人体模型四肢受力特性进行分析研究,导出了数学方程,估算了在弹射时人体四肢上承受的空气动力载荷,其研究结果可从物理上解释人体四肢甩打伤的机理。我国自 20 世纪 60 年代以来,就开始研究人体空气动力特性,主要以风洞试验方法来开展研究。1965 年,沈阳空气动力研究所(626 所)在 0.6 m 跨超声速风洞(FL - 1 风洞)进行了人椅系统缩比为 1 : 10 模型的测力、测压试验。沈阳空气动力研究所陈震[94]和中国空气动力研究与发展中心高速空气动力研究所(CARDC - 2)吴慰祖[95]先后在 0.6 m 跨超声速风洞中,采用外式天平测量了人体上肢的侧力及阻力、小腿的侧力,未测量力矩,试验迎角范围为 10° ~ 20°(侧滑角为 0°)。

7.2 人体空气动力试验

7.2.1 人体空气动力试验方法

本章阐述的人体空气动力试验方法[96-97]主要建立在中国空气动力研究与发展中心高速空气动力研究所郑世华[98-100]等在 1.2 m 跨超声速风洞(FL - 24 风洞)中开展高速风洞人椅模型肢体测力试验研究基础之上。在该项研究工作中,以歼 10 战斗机弹射救生系统的人椅组合体按缩比 1 : 5 设计模型,该组合体模型由模拟飞行员的假人人体模型和座椅模型等两部分组成。人体模型由头部、躯干、右上肢、右下肢、左前臂、右前臂、左大腿和右小腿组成,其中,左侧四段肢体为测力部件,其内部分别安装一台专用测力天平,如图 7.1 所示。

同时,在人体组合体模型上布置测压点,在人体胸部布置 5 个测压点,在头盔上布置 3 个测压点。在人体空气动力试验中,下肢有抬腿与不抬腿两种姿势,不抬腿姿势指人体的大腿微张、小腿自然下垂,座椅模型上始终有达特系统、椅背火箭和中央环等部件的外形模拟,将不抬腿的人体模型安装于座椅上,构成人体空气动力试验的基本模型状态,如图 7.2 所示。

在 FL - 24 风洞中,人体空气动力试验方法是:在人椅组合体模型椅盆下方设置一个变角度转盘转动座椅,通过改变座椅与变角度转盘的相对

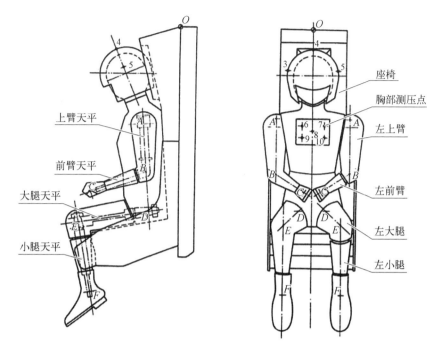

图 7.1　人体空气动力试验模型与天平安装示意图

图 7.2　FL－24 风洞中人体空气动力试验的基本模型状态照片

位置,从而实现人椅组合体模型侧滑角的变化(图 7.3),再与该风洞的双转轴机构结合,即能实现人椅组合体模型在迎角为 $0° \sim \pm 180°$ 范围内任意变化[101]。

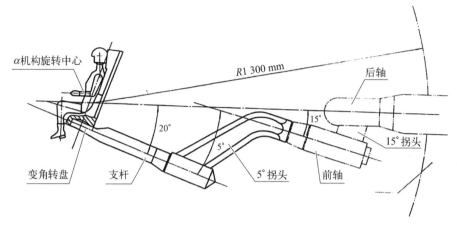

图 7.3 FL‐24 风洞中人体组合提模型支撑方式

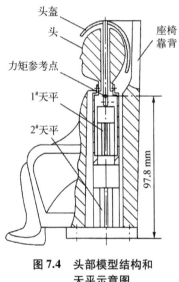

图 7.4 头部模型结构和天平示意图

人椅组合模型椅盆下方与尾支撑装置联结,通过支杆、5°拐头及该风洞原有的15°拐头双转轴系统,将人椅组合体模型安装于风洞试验段中(图 7.2 和图 7.3),通过椅盆下方与支杆前端的变角转盘,并与该风洞中双转轴系统姿态角变化进行不同组合,以实现人体空气动力大迎角大侧滑角试验。此外,人体空气动力试验还有人体头部测力试验,在进行头部测力试验中,头部、保护头盔和密闭头盔可以更换,通过如图 7.4 所示的头部模型结构和天平布置,可以测得单独头部、保护头盔和密闭头盔的空气动力载荷以及头部与头盔的组合的载荷。

7.2.2 人体空气动力试验的技术难点与试验技术的实现

人体空气动力试验的主要技术难点如下。

(1) 实现肢体空气动力载荷测量有比较大的难度。

进行人体空气动力试验时,要求在一次试验中同时测得人体模型左侧上臂、前臂、大腿、小腿等四个肢体的空气动力载荷,如何实现这些肢体独自的空气动力载荷测量是一个技术难题。就人体上肢来说,上臂需要通过前臂才能连接到人体躯干上,即无上臂则前臂就无法存在。而人体空气动力试验要求既要测量作用在前臂上的空气动力载荷,又要测量有前臂存在时作用在单独上臂肢体上的空气动力载荷。若采用传统的部件测力试验方法,得到的试验结果就会是有前臂时上臂肢体天平测得的必然是前臂与上臂两段肢体的空气动力载荷,而我们需要的是单独肢体的空气动力载荷。同理,大腿、小腿两个肢体和头部、头盔等各自空气动力载荷测量也是如此。在试验中,头部、各肢体不能直接与人体躯干相连接,这就要求测量头部与头盔、各肢体空气动力载荷的天平需要支撑自身,并确保构成的姿势和人体外形模拟准确,如图 7.4~图 7.6 所示。

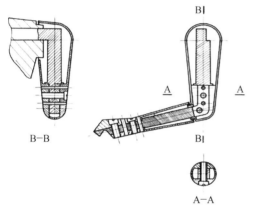 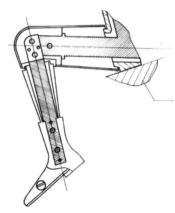

图 7.5　前臂与上臂(上肢)肢体和　　　图 7.6　小腿与大腿(下肢)肢体和
　　　　 天平布置及连接示意图　　　　　　　　 天平布置及连接示意图

再者,本书所阐述的人体试验是在中国空气动力研究与发展中心的1.2 m 跨超声速风洞中进行的,由于风洞口径和堵塞度限制,试验模型只能按 1∶5 的缩比确定,这样,模型的尺寸小,例如前臂肢体腕部直径仅为ϕ12.6 mm、肘部直径仅为 ϕ16.2 mm,在如此小尺寸的模型上如何安装天平以及合理布置天平导线需要精细考虑。

(2) 试验的迎角和侧滑角范围大。

人体空气动力试验要求的迎角及侧滑角大,即要求在保证实现 0°~90°侧滑角的同时,试验迎角不低于 30°。若沿用 FL-24 风洞中的双转轴系统则无法满足这一要求,需要在双转轴系统基础上研制专用的装置来实现。

(3) 模型设计难度大。

要准确确定人体模型模拟的外形,以及将其变为用空间几何图形和各种数据表示的具体确切的外形难度很大。人体空气动力试验要求人体模型要模拟飞行员在座椅上拉中央环的姿态,并保证人体模型外形与真实情况集合相似。为此,需要在设计人体试验模型时保证人体各部位之间满足飞行员坐姿的相互位置关系,尤其是各肢体之间,以及肢体与躯干之间的复杂空间关系,同时,还要考虑上臂、前臂、大腿、小腿等肢体内部安装天平以及天平导线的引出,这些都使人体模型设计难度加大。而头部、头盔的测力试验要相对容易。

(4)天平研制难度大。

在人体空气动力试验中,在人体空气动力试验中,要求测量前臂、上臂、小腿、大腿等肢体的空气动力载荷,所需要研制的天平将遇到尺寸小、测量单元多、载荷大、试验精度要求高、冲击载荷大等特点带来的设计技术问题需要综合考虑,逐一去解决,尤其是载荷大与尺寸小的矛盾十分突出。例如,设计测量前臂肢体载荷的天平,因受肢体模型尺寸的限制,天平元件只能设计成直径 8 mm、长 26 mm,在这样小的尺寸上实现空气动力载荷六个分量的测量,难度较大。再者,上臂天平既要满足表 7.1 所给出的较大载荷的要求,还要能承受马赫数达 2.0 时较大的超声速冲击载荷,由此可见其设计难度很大。此外,对前臂、上臂、小腿、大腿等四个肢体,既要单独测量出自身承受的空气动力载荷,又要支撑测力肢体,因而在结构上必须采用串联形式,才能使各肢体按给定的空间位置要求实现给定的模型姿态,同时,还要在狭小的空间内,在结构上实现前臂天平与上臂天平、小腿天平与大腿天平的串联,且要为天平导线导入躯干留出一定的空间。这样,在设计天平时就不能采用传统的锥配合方式,而要结合人体肢体模型的实际情况,采用新的方式进行连接、安装,这给天平设计及其校准装置的设计带来了较大的技术难题。

表 7.1 人体各肢体天平设计载荷及静校精度

		X/N	Y/N	Z/N	M_X /(N·m)	M_Y /(N·m)	M_Z /(N·m)
前臂 天平	设计载荷	50	15	25	1.5	1.3	1
	静校误差/%	0.3	1	1	0.3	0.5	0.5
上臂 天平	设计载荷	—	8.5	85	2.5	4	3
	静校误差/%	—	0.5	0.4	0.2	0.2	0.2
小腿 天平	设计载荷	30	70	70	1.2	1	2
	静校误差/%	0.3	0.2	0.3	0.3	0.3	0.2
大腿 天平	设计载荷	—	50	110	3	3.5	4
	静校误差/%	—	0.5	0.3	0.3	0.3	0.3

（5）天平粘贴、校准问题。

天平尺寸小，测量单元多，无法使用常规的箔式应变片，只能使用微型应变片，这将增大天平粘贴的难度。此外，由于要对各肢体进行单独测力，天平的前、后端需要设计特殊结构的连接形式，且连接处与天平元件成拐角形（如前臂天平、上臂天平）或成一定的空间角度（上臂天平），这给天平校准带来了难度。

（6）数据处理方法复杂。

在人体空气动力试验中，串联的两台天平呈一定角度，使得天平之间的空间关系复杂，且各天平轴系与模型体轴系之间也存在复杂的空间角度关系，在测量时要求获得各肢体自身的空气动力载荷，因此，需要建立新的数据处理方法。

针对以上技术难点，如何在 1.2 m 跨超声速风洞中实现人体空气动力试验技术，需要解决好以下技术问题。

（1）制定科学合理的总体研究实施方案。

为减小支撑装置对各肢体测力的干扰，选择在座椅下方连接尾支撑，以这样的支撑方式便利于天平导线的引出。对测量前臂与上臂、小腿与大腿空气动力载荷的天平分别采用串联结构形式，实现既能支撑各肢体和测量各肢体的空气动力载荷，又能保证人体模型外形准确模拟与几何相似。

（2）设计结构布局合理的模型。

针对人体空气动力试验的特点与要求，确定合适的模型分段位置，精确计算与分析各肢体的空间位置数据，优化模型结构，设计可满足人体空气动力试验要求的模型，保证模型外形模拟准确以及几何相似。尤其是对各肢体外形准确模拟与几何相似，设计时更要精细，以保证在模型上安装天平后，各肢体的位置、尺寸准确，充分利用模型内腔有限的空间安装天平及布置天平导线，并预留一定的空间，方便模型的拆卸。

（3）突破常规方法，精心设计人体肢体测力天平。

针对人体肢体测力试验特点，研制专用肢体天平，需要解决的难题有：肢体天平尺寸小、载荷大、承受超声速冲击载荷，肢体天平既要对肢体单独测力又要支撑肢体，保证肢体位置与外形模拟要准确。

（4）在现有 15°拐头的双转轴系统上设置 5°拐头，以扩大人体空气动力试验迎角范围。

试验的最大迎角可达 34°。在座椅下方,使用变角转盘方式实现大侧滑角,并与双转轴系统组合使用,这样,可实现人体空气动力试验需求的迎角、侧滑角。

7.2.3 人椅组合体试验模型

人椅组合体试验模型按 1∶5 的缩比设计,其由人体模型与座椅模型组成,人体模型以 22°安装角安装于座椅模型上,如图 7.1 所示[102]。人体试验模型上肢呈中央环姿势,下肢有抬腿与不抬腿两种姿势,其中,不抬腿姿势的人体模型不加任何防护装置,安装在座椅模型上,在椅盆前缘加中央环,这样构成的试验模型为不抬腿无防护状态,本书将其简称为基本状态,如图 7.2 所示。人体模型由头部、肢体和躯干组成,其中左侧的前臂、上臂、小腿、大腿为四个测力肢体,其内部各安装有一台应变测力天平。左上臂和左前臂构成测力上肢体,左小腿和左大腿构成测力下肢体。在基本状态基础上,为了研究人体在高速气流中的防护措施对人体空气动力特性的干扰影响,在组合体模型上增加防护网、挡臂板、导流板等防护措施,图 7.7 中从左至右分别给出的是不抬腿+防护网状态、不抬腿+挡臂板+导流板状态和抬腿+挡臂板+导流板状态。

(a)   (b)   (c)

图 7.7 组合体模型+各种防护措施

对于人体头部测力试验模型(图 7.4),通过天平将头部、保护头盔和密闭头盔与人体躯干相连接,模型座椅的头靠宽度、深度可变,在保护头盔的上面可另附加安装上盖板。

7.2.4　人体空气动力试验天平设计

在人椅组合体模型肢体测力试验研究中,使用了四台专用内式应变天平,其中用一台 $\phi8$ mm 六分量天平测量前臂的空气动力,用 $\phi10$ mm 五分量天平测量上臂的空气动力,两天平串联,支撑上肢部件(图 7.8),并构成拉中央环姿势。用 $\phi10$ mm 六分量天平测量小腿的空气动力,用 $\phi14$ mm 五分量天平测量大腿的空气动力,两天平也呈串联方式,支撑下肢体部件(图 7.9),并构成拉中央环姿势[103-105]。

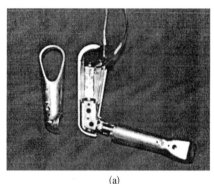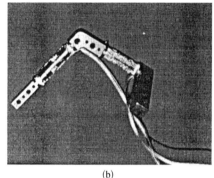

(a)	(b)

图 7.8　上肢及上肢天平照片

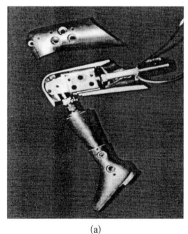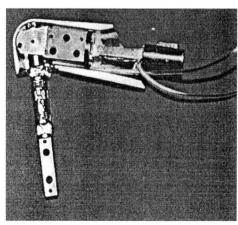

(a)	(b)

图 7.9　下肢(抬腿状态)及下肢大平照片

为解决测量载荷及试验时冲击载荷大与模型尺寸小带来的突出矛盾，需要合理布局天平结构，提高天平刚度，以双矩式电桥提高天平的灵敏度，增加天平承载能力，减小天平非线性干扰，从而设计出满足人体空气动力试验需求的肢体天平。采用方形、矩形、双叉型等结构连接形式，以解决天平与模型的连接问题。采用天平元件与两端连接部分之间具有一定空间角度的结构设计，以解决试验中支撑肢体时模型姿态准确的问题。

7.2.5　人体空气动力与坐标系

（1）头颈部空气动力与坐标系 $O_1X_1Y_1Z_1$。

头颈部坐标轴系的原点 O_1 在第七颈椎出，O_1X_1 轴（人体矢状面内）平行于人体矢状轴向后为正，O_1Y_1 轴（人体矢状面内）平行于人体垂直轴向上为正，O_1Z_1 轴（人体冠状面内）平行于人体冠状轴向左为正，如图7.10（a）所示。头颈部的阻力、升力、侧力在头颈部坐标轴系 $O_1X_1Y_1Z_1$ 内，并分别与坐标轴系的 O_1X_1 轴、O_1Y_1 轴及 O_1Z_1 轴方向一致。

（2）上臂空气动力与坐标系 $O_2X_2Y_2Z_2$。

上臂体轴系坐标原点 O_2 在 AB 连线上（图7.1），上臂力矩参考点距 A 点29.6 mm，O_2X_2 轴在 ABC 平面内（图7.1），过 O_2 点垂直于 AB 连线向斜后方为正，O_2Y_2 轴沿 AB 连线指向 A 点为正，O_2Z_2 轴过 O_2 点垂直于 ABC 平面向左为正，如图7.10（b）所示。在图7.1中，A 点为肩关节点，B 点为肘关节点，C 点为腕关节点。上肢及上臂的阻力、升力、侧力在坐标轴系 $O_2X_2Y_2Z_2$ 内，并分别与坐标轴系的 O_2X_2 轴、O_2Y_2 轴及 O_2Z_2 轴方向一致。

（3）前臂空气动力与坐标系 $O_3X_3Y_3Z_3$。

前臂体轴系坐标原点 O_3 在 BC 连线上（图7.1），前臂力矩参考点距 B 点32 mm，O_3X_3 轴沿 BC 连线，指向 B 点为正，O_3Y_3 轴在 ABC 平面内，垂直于 O_3X_3 轴向斜上方为正，O_3Z_3 轴垂直于 ABC 平面向左为正，如图7.10（b）所示。前臂的阻力、升力、侧力在坐标轴系 $O_3X_3Y_3Z_3$ 内，并分别与坐标轴系的 O_3X_3 轴、O_3Y_3 轴及 O_3Z_3 轴方向一致。

（4）大腿空气动力与坐标系 $O_4X_4Y_4Z_4$。

大腿体轴系坐标原点 O_4 在 DE 连线上（图7.1），前臂力矩参考点距 D 点36.4 mm，O_4X_4 轴沿 DE 连线，指向 D 点为正，O_4Y_4 轴在 DEF 平面内，过 O_4 点垂直于 DE 连线向上分为正，O_4Z_4 轴过 O_4 点垂直于 DEF 向左为正，如图7.10（c）所示。大腿的阻力、升力、侧力在坐标轴系 $O_4X_4Y_4Z_4$ 内，并分别

与坐标轴系的 O_4X_4 轴、O_4Y_4 轴及 O_4Z_4 轴方向一致。

（5）小腿空气动力与坐标系 $O_5X_5Y_5Z_5$。

小腿体轴系坐标原点 O_5 在 EF 连线上（图 7.1），前臂力矩参考点距 E 点 31.8 mm，O_5X_5 轴在 DEF 平面内，过 O_5 点垂直于 EF 连线，向后方为正，O_5Y_5 轴沿 EF 连线，指向 E 点为正，O_5Z_5 轴过 O_5 点垂直于 DEF 向左为正，如图 7.10（c）所示。小腿的阻力、升力、侧力在坐标轴系 $O_5X_5Y_5Z_5$ 内，并分别与坐标轴系的 O_5X_5 轴、O_5Y_5 轴及 O_5Z_5 轴方向一致。

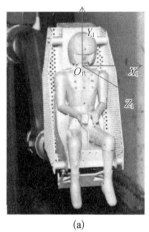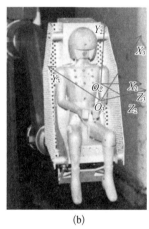

(a)	(b)	(c)

图 7.10　坐标轴系

7.2.6　人体空气动力试验数据处理与修正

在人体空气动力试验中，由于前臂天平与上臂天平呈串联结构形式，小腿天平与大腿天平也是串联结构形式，因此，数据处理方法与常规测力试验数据方法不同，且更复杂，详见参考文献[106]。经数据处理后，得到前臂、上臂、小腿、大腿等肢体各自的空气动力系数，本书中以体轴系给出各肢体的空气动力系数，在试验数据处理中，做如下修正：

（1）对上臂的空气动力系数，在上臂天平的测值中修正了前臂的载荷影响及上臂与躯干分界处断面压力的影响，并计及了上肢平面内气动弹性角的影响；

（2）对大腿的空气动力系数，在大腿的天平测值中修正了小腿载荷的影响，并计及了上肢平面内气动弹性角的影响；

（3）在人体试验中均修正了各天平与相应肢体的力矩参考点不重合的

影响,以及修正了各肢体模型自重的影响;

(4)本章中的迎角指人椅系统组合体模型整体的迎角,计及了迎角机构转角和侧滑角过大引起模型滚转角的影响,但未计及试验段平均气流偏角的影响以及支撑系统弹性角的影响;

(5)未修正前臂与上臂、大腿与小腿、大腿与躯干分界处断面压力的影响。

7.3 人体空气动力特性

7.3.1 头部与保护头盔组合体和密闭头盔的空气动力特性

图 7.11 给出的是在侧滑角 β 为 0°时,头部与保护头盔的升力、阻力系数随迎角的变化曲线。由图 7.11(a)可见,在试验范围内,亚跨声速时迎角对升力特性影响不大,超声速时,在迎角大于 5°之后,升力特性随迎角增大而下降;从图 7.11(b)可见,在马赫数 0.6 及迎角小于 10°,马赫数 0.95、1.05 及迎角小于 15°时,阻力基本上不随迎角而变化,而在迎角大于 10°(马赫数 0.6)、15°(马赫数 0.95、1.05)时阻力随迎角增大而下降,在超声速(马赫数 1.53)时,除个别迎角外,迎角对阻力特性影响不大。

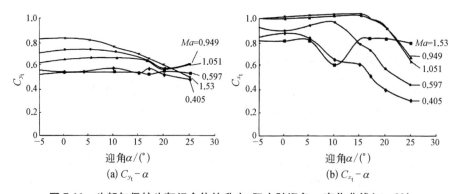

图 7.11 头部与保护头盔组合体的升力、阻力随迎角 α 变化曲线($\beta = 0°$)

图 7.12 给出的是头部与保护头盔组合体的空气动力特性随马赫数变化曲线($\alpha = 17°$、22°),从图中可见,在试验范围内,升力系数随马赫数增加而增大;$Ma \leqslant 1.0$ 时,阻力系数随马赫数增加而明显增大,$Ma > 1.0$ 时,阻力系数随马赫数增加变化不大;$\alpha = 17°$ 时,侧力系数随马赫数变化不大,在 $\alpha = 22°$、$Ma > 1.0$ 时,侧力系数随马赫数增加有所下降。

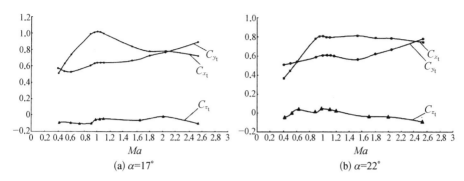

(a) $\alpha=17°$　　　　　　　　(b) $\alpha=22°$

图 7.12　头部与保护头盔空气动力特性随马赫数变化曲线($\beta=0°$)

图 7.13 给出的是密闭头盔的升力、阻力系数随迎角 α 变化曲线,从图 7.13(a)可见,在试验范围内,$Ma \le 0.80$,小迎角范围内迎角对升力特性基本没有影响,在迎角大于 10° 范围,升力系数随迎角增大有所下降,在 $Ma = 1.0$、1.53 时,升力系数随迎角增大明显下降;从图 7.13(b)可见,在 $Ma = 0.4$、0.6 及迎角 $\alpha < 15°$ 时,阻力系数随迎角增大略增加,在 $Ma = 0.8$、1.0、1.54 时,阻力系数随迎角增大而下降。

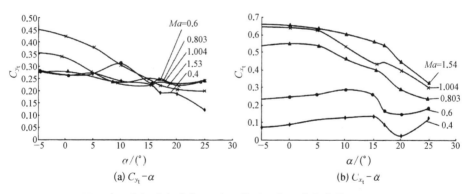

(a) $C_{y_t}-\alpha$　　　　　　　　(b) $C_{x_t}-\alpha$

图 7.13　密闭头盔升力、阻力系数随迎角 α 变化曲线($\beta=0°$)

图 7.14 给出的是密闭头盔的空气动力特性随马赫数变化曲线($\alpha=17°$、22°),从图中可见,在试验范围内,升力系数随马赫数增加而略有增大,阻力系数随马赫数增加而明显增大,侧力系数随马赫数增加有所增大或下降,无明显的规律性。

7.3.2　人体上肢空气动力特性

图 7.15、图 7.16 分别给出了基于快心人体前臂的空气动力特性随迎角

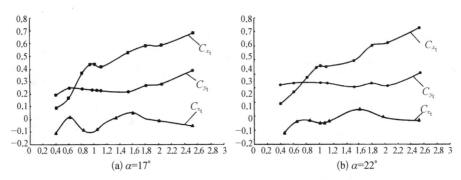

(a) $\alpha=17°$ (b) $\alpha=22°$

图7.14 密闭头盔空气动力特性随马赫数变化曲线($\beta=0°$)

α变化曲线、人体肢体的空气动力特性比较,从图7.1、图7.15、图7.16可见,在气流中,前臂斜向前方内侧弯曲,且尺寸比较小,与其余三段肢体相比,其空气动力载荷量值均比较小,且随马赫数的变化也不大,总的趋势是随迎角增大,C_{y_t}略有增加,C_{z_t}、C_{x_t}、m_{y_t}略有减小。

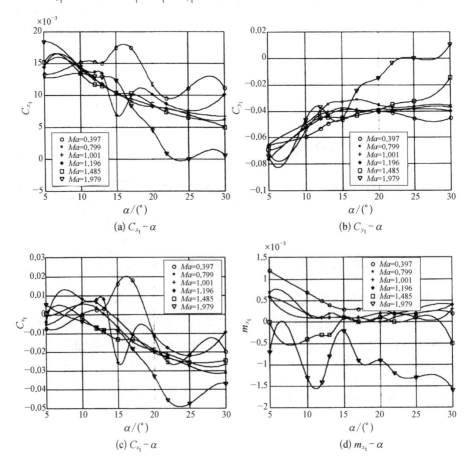

(a) $C_{x_t}-\alpha$

(b) $C_{y_t}-\alpha$

(c) $C_{z_t}-\alpha$

(d) $m_{x_t}-\alpha$

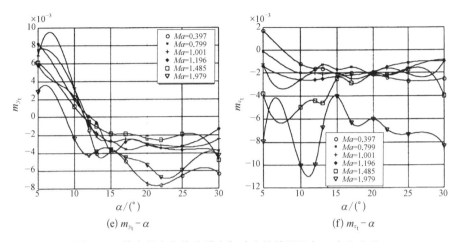

图 7.15　基本状态人体前臂空气动力特性随迎角 α 变化曲线

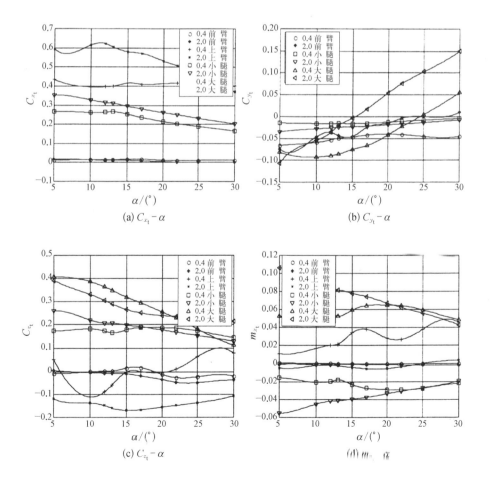

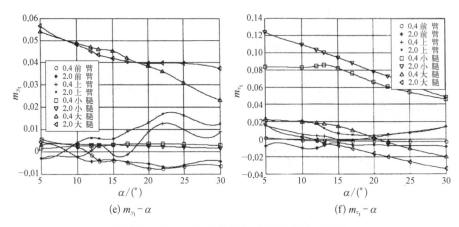

(e) m_{y_t} - α (f) m_{z_t} - α

图 7.16　基本状态人体肢体空气动力特性比较

图 7.17 为基本状态人体上臂空气动力特性随迎角 α 变化曲线,从图 7.1 和图 7.16 可见,在气流中,上臂自然下垂于人体体侧,迎风面积较大,其阻力系数 C_{x_t} 值最大,总的趋势是随马赫数增加而增大,在试验的亚跨声速($Ma \leqslant 1.20$)范围,上臂阻力系数 C_{x_t} 随迎角 α 变化不大,而在超声速($Ma = 1.5$、2.0),迎角 $\alpha \geqslant 13°$时,上臂阻力系数 C_{x_t} 随迎角 α 增大明显减小,马赫数越高减小越多。原因主要是随着迎角增大,上臂的迎风面积减小,由正面迎风变为向后倾斜,这样,激波减弱引起波阻减小。上臂的侧力系数 C_{z_t}、滚转力矩系数 m_{x_t} 随马赫数的增加有所减小。从图 7.17 上肢的试验结果可见,上肢的空气动力特性随迎角的变化与上臂的试验结果类似,前臂的存在仅使上肢的三个力矩 m_{x_t}、m_{y_t}、m_{z_t} 发生明显变化,m_{x_t}、m_{y_t}、m_{z_t} 的量值有所增加。

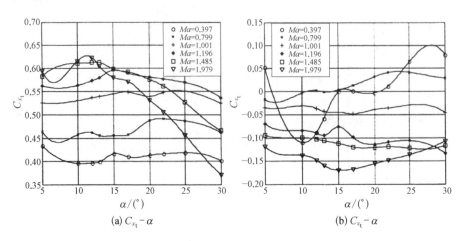

(a) C_{x_t} - α (b) C_{z_t} - α

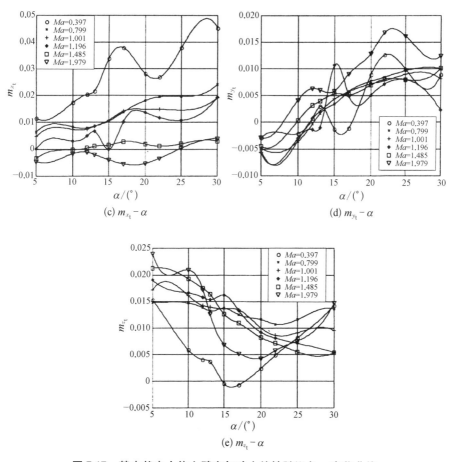

(c) $m_{x_t} - \alpha$

(d) $m_{y_t} - \alpha$

(e) $m_{z_t} - \alpha$

图 7.17 基本状态人体上臂空气动力特性随迎角 α 变化曲线

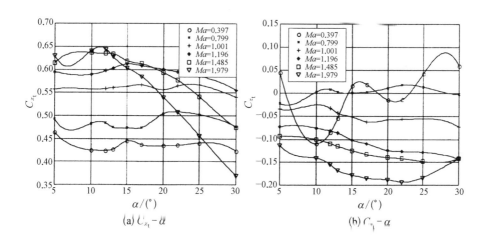

(a) $C_{x_t} - \alpha$

(b) $C_{z_t} - \alpha$

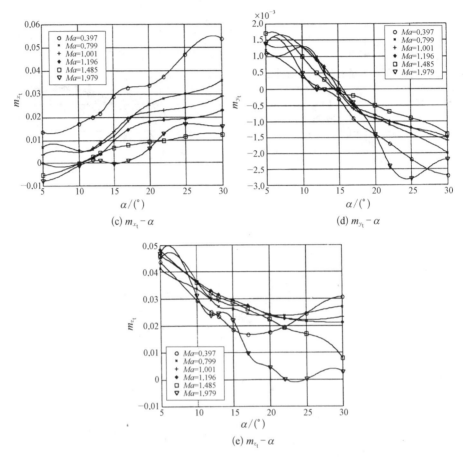

(c) $m_{x_t} - \alpha$

(d) $m_{y_t} - \alpha$

(e) $m_{z_t} - \alpha$

图 7.18　基本状态人体上肢空气动力特性随迎角 α 变化曲线

7.3.3　人体下肢空气动力特性

图 7.19 给出了基本状态人体小腿空气动力特性随迎角 α 变化曲线,从图可见,小腿与上臂类似,也是自然下垂的姿势,迎风面积较大,因而小腿的阻力系数 C_{x_t} 值、侧力系数 C_{z_t} 值都较大,且随迎角 α 增大呈下降趋势,小腿的阻力系数 C_{x_t} 值随马赫数的增加略呈上升趋势,当迎角 $\alpha<15°$ 时,小腿侧力系数 C_{z_t} 值随马赫数增加呈增大趋势,当迎角 $\alpha>15°$,$Ma<1.2$ 时,小腿侧力系数 C_{z_t} 值随马赫数增加呈下降趋势,$Ma>1.2$ 时,小腿侧力系数 C_{z_t} 值随马赫数增加略呈上升趋势。

图 7.20 给出的是基本状态人体大腿空气动力特性随迎角 α 变化曲线,从图可见,在迎角 $\alpha=5°$ 时大腿的升力系数值为负值,这是由于此时大腿还处

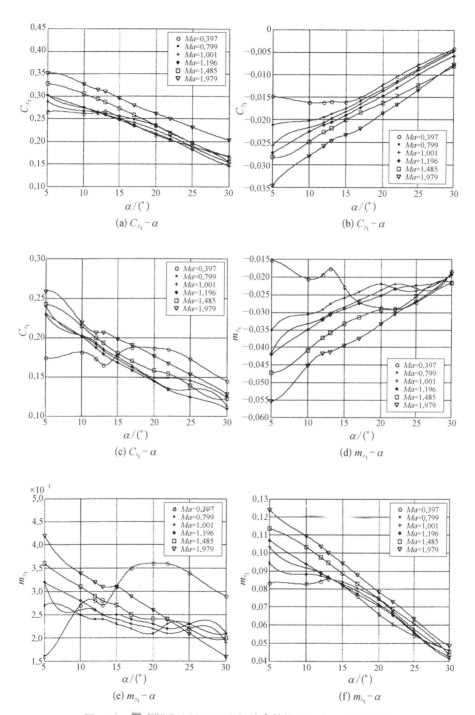

图 7.19　基本状态人体小腿空气动力特性随迎角 α 变化曲线

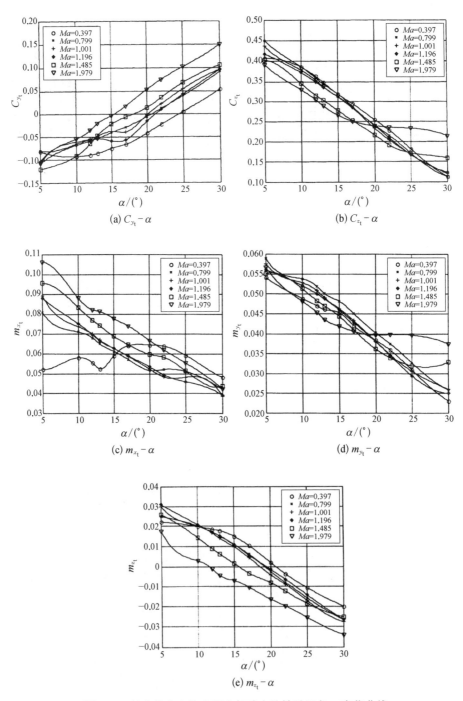

图 7.20　基本状态人体大腿空气动力特性随迎角 α 变化曲线

于略向下倾斜状态,随着迎角 α 增大 C_{y_t} 增加,并在较大迎角 α 以后 C_{y_t} 变为正值,C_{z_t}、m_{x_t}、m_{y_t}、m_{z_t} 随着迎角增大呈下降趋势。从图 7.16 可见,大腿的空气动力系数 C_{z_t}、m_{x_t}、m_{y_t}、m_{z_t} 值比其余三段肢体的值大,且大腿的升力系数 C_{y_t} 在较大迎角后变为正值,而其余三段肢体在整个试验范围内,其升力系数 C_{y_t} 值均为负值。

7.3.4　防护装置对人体空气动力特性的影响

现代先进战斗机在高技术战争中发挥着越来越重要的作用,战斗机的性能越优越,要求弹射人椅系统的安全救生包线也随之扩大,飞行中飞行员将承受远远超出人体的生理耐限,因而在座舱破坏及应急离机时,必须能有效防护飞行员免受高速气流吹袭的伤害,以保证飞行员的生命安全[107]。只有这样,在现代战争中才能充分发挥出战斗机的性能。随着战斗机性能的提升,研发保证飞行员生命安全的防护装置的难度也随之增大。目前,研究主要集中在稳定装置、被动式防护装置和气流阻滞式防护装置等三类高速气流防护措施。为了确保设计的高速气流防护装置能有效保护飞行员,必须了解人体及其肢体的空气动力特性,以及防护装置对人体肢体空气动力特性的干扰影响。目前,研究防护装置对人体空气动力特性的干扰影响主要是风洞试验方法,国内也有用数值模拟的方法研究高速气流时防护装置对人体空气动力特性的干扰影响。本书给出了防护网、挡臂板、导流板等防护装置对人体空气动力特性影响的试验数据[108-109]。

1. 防护网对人体空气动力特性的影响

图 7.22 ~ 图 7.27 给出的是防护装置在不抬腿状态时对人体前臂空气动力特性的影响试验结果($Ma = 1.0$),在图中,"无"表示基本状态(即不抬腿状态),"挡"表示基本状态+挡臂板,"挡+导"表示基本状态+挡臂板+导流板,"网"表示基本状态+防护网。图 7.28 ~ 图 7.33 给出的是无防护装置状态人体抬腿对肢体空气动力特性的影响,图中,"不抬"表示基本状态(即不抬腿状态),"抬"表示抬腿状态。

防护网在座椅的两侧(图 7.7)自下而上保护飞行员全身,因而它对人体上、下肢各部位的空气动力特性都会产生一定的影响。从图 7.22 ~ 图 7.27 中可见,与基本状态相比,加防护网使上臂及上肢的阻力 C_{x_t} 降低,其影响程度比加有挡臂板+导流板的状态更显著。防护网对上肢空气动力特性的影响主要是对上臂的影响,前臂离防护网较远,因而对前臂的影响相对上臂而言要小得多。防护网使上肢的 m_{x_t}、m_{y_t} 及 m_{z_t} 均有不同程度的降低,这对应急救生时保护上肢是有益的。此外,从图 7.28~图 7.33 中可见,防护网使小腿的 C_{x_t}、C_{z_t} 及 m_{z_t},大腿及下肢的 C_{y_t}、C_{z_t} 及 m_{y_t} 均有不同程度的减小,其中,C_{z_t} 及 m_{y_t} 的减小是有利的,而 C_{y_t} 的减小是不利的。因此,在高速气流吹袭中防护网在保护肢体不被向外吹开的同时,既产生了一些有利干扰,也带来了一些不利的干扰。

2. 挡臂板对人体空气动力特性的影响

挡臂板位于人体上臂的外侧(图 7.7),其主要作用是保护人体上臂。从图 7.22~图 7.27 中可见,挡臂板离小腿较远,其对小腿的空气动力特性影响较小;在大多数情况下,挡臂板使前臂的 C_{x_t} 和 C_{z_t} 略有下降;因其尺寸不大,总体上对上臂的空气动力特性影响也不大;当 $Ma \leqslant 1.0$,$\alpha \geqslant 17° \sim 20°$ 时,挡臂板使上臂的 C_{x_t} 略有减小,在较小的迎角时则使上臂的 C_{x_t} 略有增大;在 $Ma = 1.485$、1.979 时,在试验迎角范围,挡臂板使上臂的 C_{x_t} 减小,在大多数情况下,它使上臂的 C_{x_t} 及 C_{z_t} 略有下降;此外,挡臂板还使大腿的 C_{y_t} 及 C_{z_t} 略有下降;与其他防护装置相比,总的来说,挡臂板对人体空气动力特性的干扰效应较小。

3. 挡臂板+导流板对人体空气动力特性的影响

导流板由椅盆前缘直立向上,挡在人体胸部前方(图 7.7),主要起保护人体胸部的作用。图 7.21 给出的是导流板对胸部压力分布影响试验数据,从表中给出的试验结果可见,导流板对人体胸部前方的流场产生了明显的干扰。在所试验的马赫数和迎角范围,人体属于钝体形状,胸部迎气流所产生的压力大,图 6.9(a)给出的数值模拟结果也说明了这点,加导流板后人体胸部所感受到的压力显著降低,起到了有效保护人体胸部的作用。从图

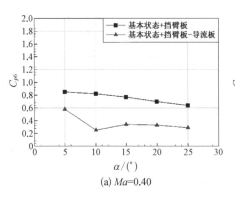

(a) $Ma=0.40$

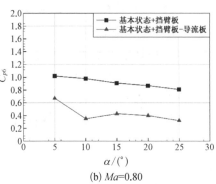

(b) $Ma=0.80$

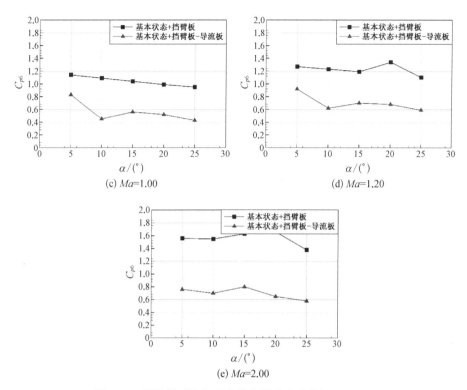

(c) $Ma=1.00$　　　　　　　　　　　　(d) $Ma=1.20$

(e) $Ma=2.00$

图 7.21　导流板对胸部压力分布影响试验数据($\beta = 0°$)

7.21 ~ 图 7.27 可见,加挡臂板及导流板,不仅起到了保护人体胸部的作用,还对人体上肢的空气动力特性产生了较大的干扰影响,使前臂、上臂和上肢的阻力系数 C_{x_t} 均有不同程度的减小,使侧向力系数 C_{z_t} 及偏航力矩系数 m_{y_t} 均为负值增大,其绝对值较大,使上肢向躯干靠拢。由此可见,导流板产生的干扰影响是有利的,导流板使得上肢被吹开的趋势大大减弱,对上肢起到了有效的保护作用。

4. 抬腿对人体空气动力特性的影响

当人体组合体模型处于抬腿状态时,即大腿向上抬起处于抬腿状态,下肢相对于人体的位置发生了比较大的变化,从而将引起大腿与小腿之间的干扰,以及其与座椅和人体其他部分之间的干扰产生变化。因此,抬腿必将对大腿、小腿的空气动力特性带来明显的影响。图 7.28 ~ 图 7.33 给出了抬腿状态的试验结果。由图可见,与基本状态相比,总体来看,在整个试验范围内,抬腿使小腿的 C_{x_t} 和 m_{z_t} 有所下降,使 m_{x_t} 略有减小,在 $\alpha<17°$ 时,抬腿使小腿的 C_{z_t} 减小,而在 $\alpha>17°$ 时则使小腿的 C_{z_t} 有所增大,抬腿使小腿的 C_{x_t} 和

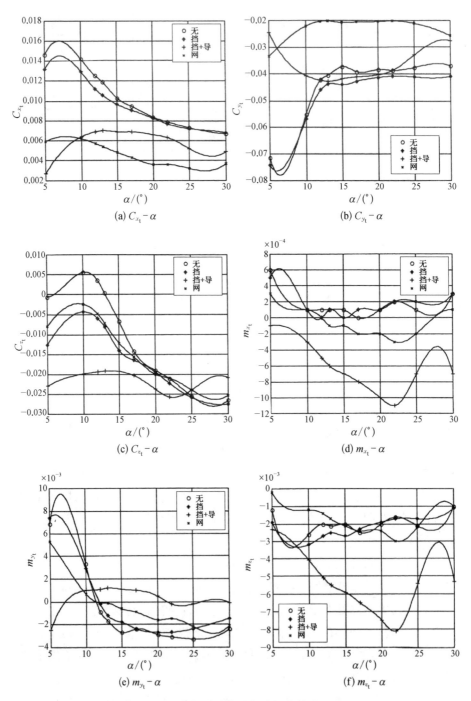

(a) $C_{x_t} - \alpha$

(b) $C_{y_t} - \alpha$

(c) $C_{z_t} - \alpha$

(d) $m_{x_t} - \alpha$

(e) $m_{y_t} - \alpha$

(f) $m_{z_t} - \alpha$

图 7.22　防护装置对肢体空气动力特性的影响——
前臂试验结果（不抬腿状态）（$Ma = 1.0$）

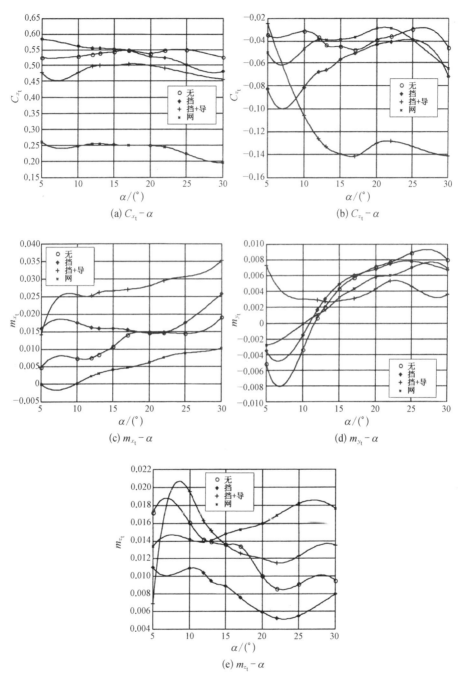

(a) $C_{x_t} - \alpha$

(b) $C_{z_t} - \alpha$

(c) $m_{x_t} - \alpha$

(d) $m_{y_t} - \alpha$

(e) $m_{z_t} - \alpha$

图 7.23　防护装置对肢体空气动力特性的影响——
上臂试验结果(不抬腿状态)($Ma = 1.0$)

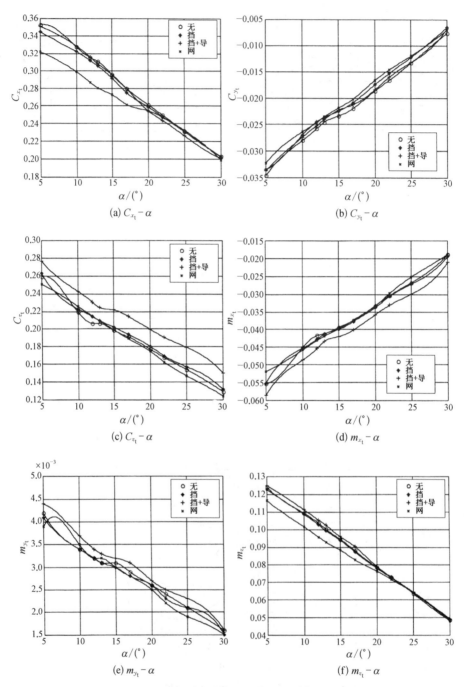

(a) $C_{x_t} - \alpha$

(b) $C_{y_t} - \alpha$

(c) $C_{z_t} - \alpha$

(d) $m_{x_t} - \alpha$

(e) $m_{y_t} - \alpha$

(f) $m_{z_t} - \alpha$

图7.24 防护装置对肢体空气动力特性的影响——
小腿试验结果(不抬腿状态)($Ma = 2.0$)

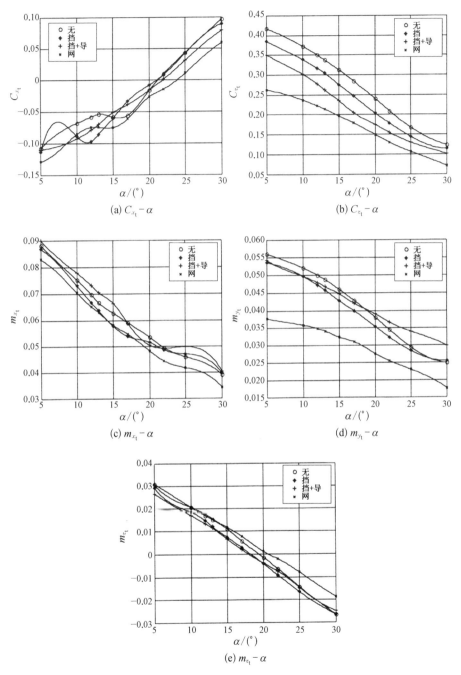

(a) $C_{x_t} - \alpha$

(b) $C_{z_t} - \alpha$

(c) $m_{x_t} - \alpha$

(d) $m_{y_t} - \alpha$

(e) $m_{z_t} - \alpha$

图 7.25　防护装置对肢体空气动力特性的影响——
大腿试验结果（不抬腿状态）（$Ma = 2.0$）

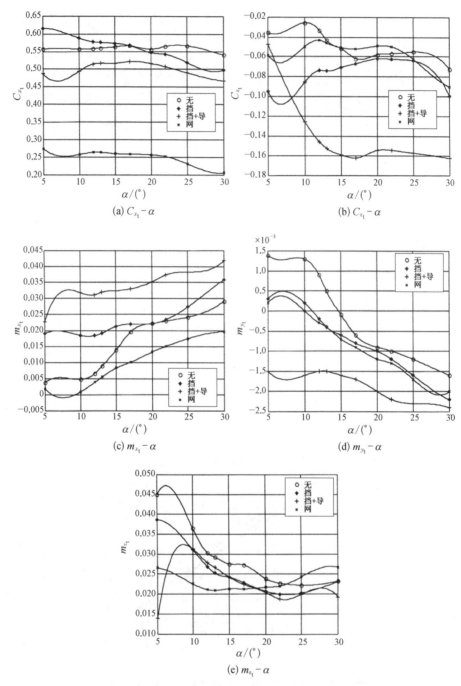

图 7.26　防护装置对肢体空气动力特性的影响——
上肢试验结果 (不抬腿状态) ($Ma = 1.0$)

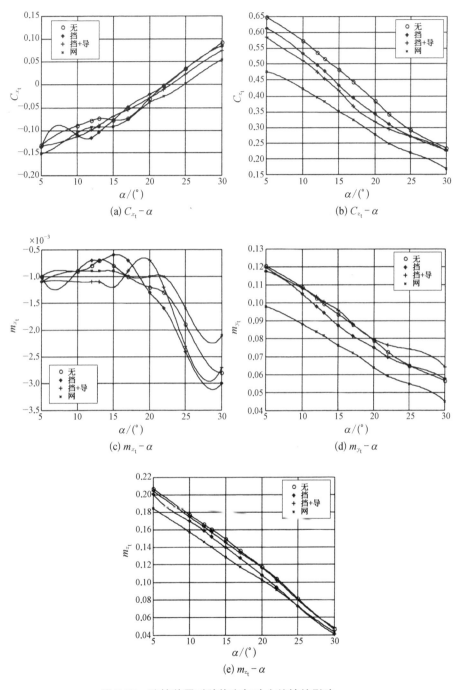

图 7.27　防护装置对肢体空气动力特性的影响——
下肢试验结果（不抬腿状态）（$Ma = 1.20$）

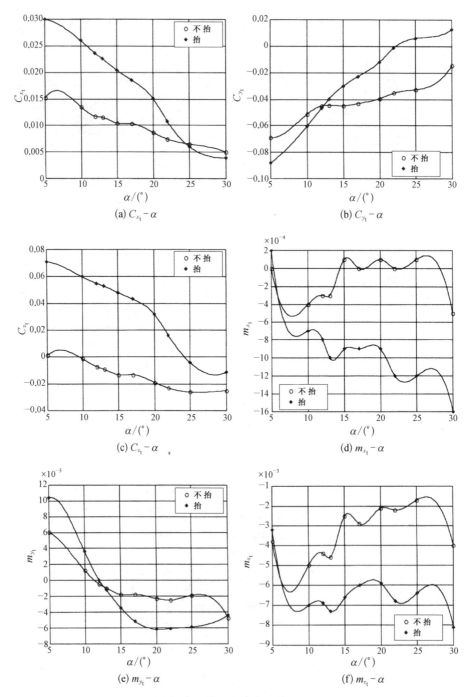

图 7.28　无防护装置抬腿对肢体空气动力特性的影响——
前臂试验结果（抬腿状态）（$Ma=1.5$）

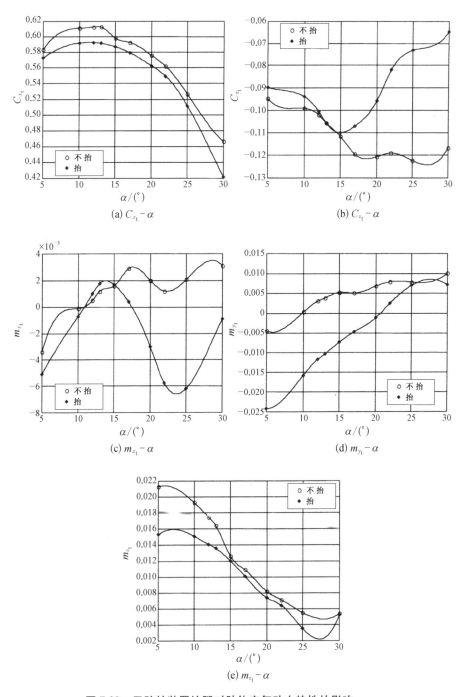

图 7.29　无防护装置抬腿对肢体空气动力特性的影响——
上臂试验结果 (不抬腿状态) ($Ma=1.50$)

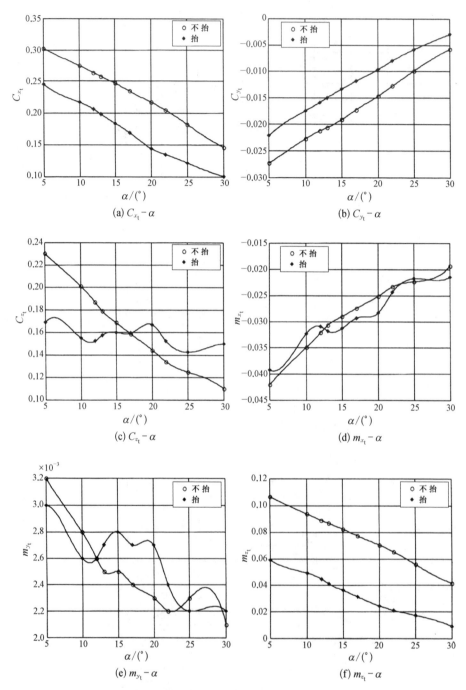

图 7.30　无防护装置抬腿对肢体空气动力特性的影响——
小腿试验结果（不抬腿状态）（$Ma = 1.20$）

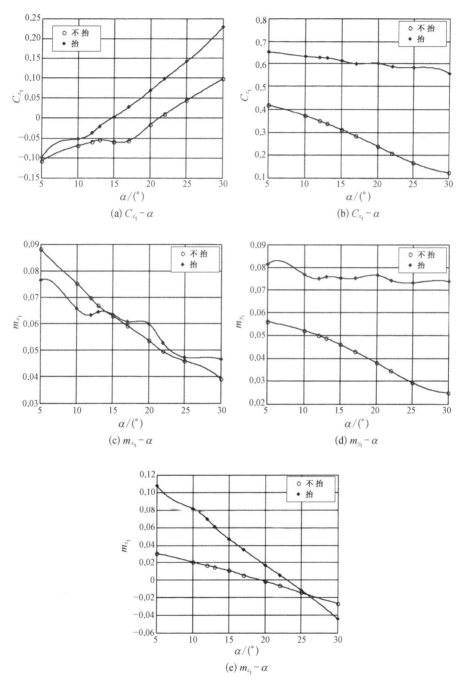

图 7.31　无防护装置抬腿对肢体空气动力特性的影响——
与哪试验结果（不抬腿状态）（$Ma = 1.20$）

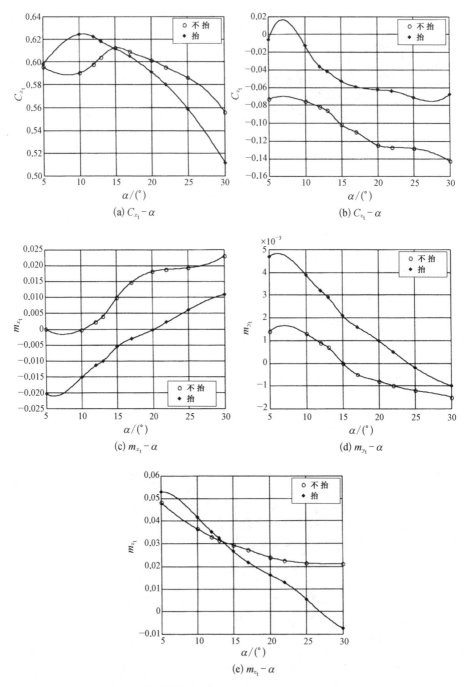

图 7.32　无防护装置抬腿对肢体空气动力特性的影响——
上肢试验结果(不抬腿状态) (*Ma* = 1.20)

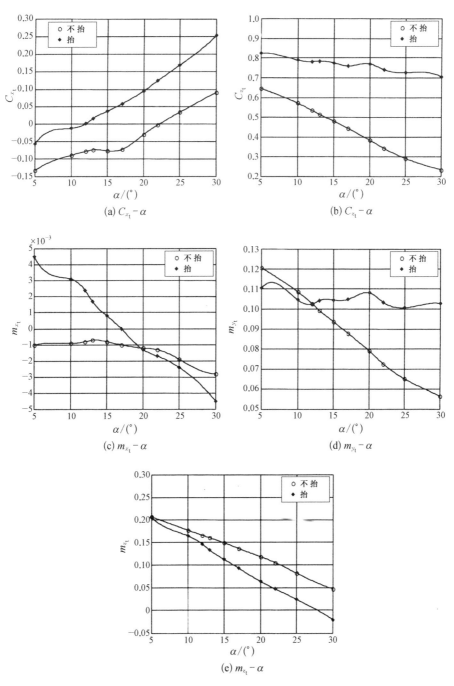

(a) $C_{x_t} - \alpha$

(b) $C_{z_t} - \alpha$

(c) $m_{x_t} - \alpha$

(d) $m_{y_t} - \alpha$

(e) $m_{z_t} - \alpha$

图 7.33　无防护装置抬腿对肢体空气动力特性的影响——
下肢试验结果 (不抬腿状态) ($Ma = 1.20$)

C_{z_t}减小对保护人体是有利的,它减弱了小腿被侧向吹开的趋势;抬腿使大腿的C_{y_t}、C_{z_t}、m_{y_t}及m_{z_t}均有所增大,其中C_{z_t}及m_{y_t}增量较大,这种干扰影响对保护人体是不利的,它有增大下肢被吹开的趋势。与此同时,抬腿对前臂、上臂和上肢的空气动力特性也带来了影响,对上肢而言,抬腿使前臂、上臂和上肢的C_{z_t}均有明显增大,这对人体保护也是不利的干扰影响。

7.3.5 人体承受空气动力载荷的影响与分析

在战斗机发生故障时弹射座椅离机的瞬间,飞行员的身体不仅要承受弹射引起的过载,还要受到迎面气流吹袭的影响。尤其是战斗机的故障发生在高速时,高速气流的动压力、吹袭甩打和气动减速过载将会导致飞行员身体损伤,甚至出现生命危险。因此,研究座椅弹射后,研究人体暴露于高速气流中所承受的空气动力载荷特性非常重要,对于确定战斗机的救生包线、新型弹射救生系统研制与改进、保障飞行员生命安全都具有重大意义。当战斗机在高速飞行中因故障而致飞行员弹射出舱后,人体处于迎风面将受到高速气流冲击的压力作用,常把气流冲击压力用动压来表示,即

$$q = \frac{1}{2}\rho v^2 \tag{7.1}$$

由上式可见,气流冲击的强度与气流速度v、空气密度ρ密切相关,飞行高度越低、气流速度越高,则动压q就越大。在大速度下飞行员弹射出舱后,对飞行员身体影响的程度大小主要取决于迎面动压。从图6.10中给出的速度矢量图可见,最大速度随着侧滑角负值增大方向移动,随着速度增大,动压明显增大,也即飞行员身体受到的气动阻力载荷增大,因此,随着速度增大,对人体的影响也随之增大。美国空军在速度为$740 \sim 1\,000$ km/h的弹射救生中,对甩打损伤发生率达61%的统计结果也说明了这点。已有研究结果表明,动压对人体损伤的影响主要是对其面部和胸腹部的表明造成软组织损伤,在时速大约560 km/h,只要将眼和嘴闭上,人体不会受损伤,当超过这个速度后,人体会因速度大小而受到不同程度的损伤[107]。

人椅系统弹射出舱后,因人椅系统是一个钝体外形,其气动阻力大,这样在大气动阻力载荷的作用下将使人椅系统作减速运动。已有研究结果表明,在减速过载下,人体肢体及头部都可因脱离正常位置而发生甩打运动,

从而给人体带来损伤。在 6.1 节中对图 6.6 给出的人椅系统表面与对称面马赫数等值线比较图的分析结果表明,在应急弹射救生时,随着气流速度增加,对飞行员身体的影响是非常不利的,必须对飞行员的两臂、两小腿采取保护措施,否则,飞行员的肢体将受到强烈的高速气流吹袭而受伤。

参 考 文 献

[1] 陆慧良.军事飞行事故研究[M].北京：国防工业出版社,2003.

[2] 沈尔康,陈榆源,刘克顺.航空弹射救生装备[M].北京：航空工业出版社,1988.

[3] 张汉镁.飞行器安全救生[M].北京：北京航空航天大学出版社,1990.

[4] JINES L A, ROBERTS E O. Enhanced ejection seat performance with vectored thrust capability[R]. AFWAL－TR－84－3026, 1985.

[5] WHITE B J. USAF crew escape state-of-the-art for technology advancement [R]. AFWAL－TR－82－3089, 1982.

[6] DELGADO R C. Limb flail injuries in USAF ejections：1979－1985[C]. 24th SAFE Symposium Proceedings, 1986：1－3.

[7] BELK W F. Limb flail injuries and the effect of extremity restraints in USAF ejections：1971－1978[R]. 1971－1978. SAFE Journal, 1980.

[8] SPECKER L J. Flow Stagnation as an advanced windblast protection technique[C]. 23rd SAFE Association Symposium proceedings, 1985：12－17.

[9] 朱自强.应用计算流体力学[M].北京：北京航空航天大学出版社,2001.

[10] 吴慰祖.弹射救生系统跨超声速大攻角试验技术研究[R].中国空气动力研究与发展中心高速所,1980.

[11] 吴慰祖.J－7Ⅱ改弹射座椅模型跨超声速大攻角风洞试验[R].中国空气动力研究与发展中心高速所,1979.

[12] 吴慰祖.人椅模型手臂跨超声速风洞试验[R].中国空气动力研究与发展中心高速所,1982.

[13] 三机部六院七所.7FD－01风洞弹射座椅校验模型纵向试验报告[R].1966.

[14] 三机部六院七所.歼六飞机Ⅱ型火箭弹射座椅高速试验报告[R].1965.

[15] 三机部六院七所.歼八弹射座椅模型跨超音速风洞试验报告[R].1966.

[16] 三机部六院七所.歼八座椅模型测压、测力高速风洞试验报告[R].1971.

[17] 三机部六院七所.歼八机与座椅干扰高速风洞试验报告[R].1971.

[18] RITTENHOUSE L E, PIERCE D J, SUMMERS W E. Static stability characteristics of the proposed B－58 aircraft escape at transonic mach number[R]. AEDC－TN－61－43, 1961.

[19] REICHENAU D A. Aerodynamic characteristics of full scale ACES – II：ejection seat with a small female or large male manikan at mach numbers from 0.2 to 1.4[R]. AEDC – TR – 87 – 16, 1978.

[20] REICHENAU D A. Aerodynamic characteristics of a half-scale CREST seat at mach numbers from 0.6 to 3.0[R]. AEDC – TR – 88 – 6, 1988.

[21] LUNDY T E, BRADDOCK W F. Wind tunnel tests of the flow stagnation protective concept and ejection seat stability devices[R]. AAMRL – TR – 85 – 053, 1987.

[22] AYOUB P, YOST P. Wind tunnel tests of a 0.65 scale ejection seat with and without yaw stabilizers[R]. NADC – 84093 – 60, 1984.

[23] WHITE B J. Aeromechanical properties of ejection seat escape systems[R]. AFFDL – TR – 74 – 57, 1974.

[24] RICHARD, SMITH T. Transonic and supersonic wind tunnel tests on 5 – percent and 20 – percent scale model of the WADD individual escape capsule[R]. WADD – 60 – 79, 1960.

[25] REICHENAU D A. Aerodynamic characteristics of a 0.5 – Scale crewman/ejection seat model during a simulated ejection from an F – 16 fighter at stream mach numbers from 0.40 to 1.20[R]. AEDC – TSR – 78 – P42, 1978.

[26] RECHENAU D A. Data package：AMRL ejection seat test (MIST)[R]. Project No：P41 T – 14, Test Unit：16T, Arnold Engineering Development Center, 1978.

[27] BATINA T J. A fast implicit upwind solution algorithm for three-dimensional unstructured dynamic meshes[R]. AIAA – 92 – 0447, 1992.

[28] WEATHERILL N P. Efficient three-dimensional delaunay triangulation with automatic point creation and imposed boundary constraints [J]. International Journal for Numerical Methods in Engineering, 1994, 37(12)：2005 – 2039.

[29] LUO H, BAUM J, LOHNER R. An improved finite volume scheme for compressible flows on unstructured grids[R]. AIAA – 95 – 0348, 1995.

[30] FRINK N T, PARESH P, SHAHYAR P. A fast upwind solver for the Euler equations on three-dimensional unstructured meshes[R]. AIAA – 91 – 0102, 1991.

[31] TIMOTHY J B. A 3 – D upwind Euler solver for unstructured meshes [C]. 10th Computational Fluid Dynamics Conference, Honolulu, 1991：228 – 233.

[32] WARMING R F, BEAM R M. Upwind second order difference schemes and applications in aerodynamic flows[J]. AIAA Journal, 1975, 14(9)：1241 – 1249.

[33] 傅德薰. 流体力学数值模拟[M]. 北京：国防工业出版社,1993.

[34] CARUSO S C, MENDENHALL M R. Computational analysis of high speed ejection seat[R]. 30th Aerospace Sciences Meeting and Exhibit, Reno, 1992.

[35] WURTZLER K. Application of an Euler code to the B – 1A escape capsule[R]. AIAA – 90 – 0431, 1990.

[36] HABCHI S D, PREZEKWAS A J. CFD Analysis of ejection seat escape systems[R]. SAE – 921924, 1992.

[37] JOSEPH B, RAINALD L. Numerical simulation of pilot/seat ejection from an F – 16 [C]. 31st Aerospace Sciences Meeting, Reno, 1993: 1 – 6.

[38] HABCHI S D, HO S Y, HUFFORD G S. Computational aerodynamic analysis of the aircrew common ejection seat[C]. 32nd Aerospace Sciences Meeting and Exhibit, Reno, 1994: 1 – 6.

[39] HUFFORD G S, HABCHI S D. Validation of CFD methodology for ejection seat apllications[R]. AIAA – 94 – 0751, 1994.

[40] HABCHI S D, HUFFORD G S. Navier-Stokes computational analysis of the B – 1A escape capsule[C]. 33rd Aerospace Sciences Meeting and Exhibit, Reno, 1995: 1 – 5.

[41] ROCK S G, HABCHI S D. Valiodation of an automated chimera methodology for aircraft escape systen analysis[R]. AIAA – 98 – 0767, 1998.

[42] HABCHI S D, PREZEKWAS A J. CFD analysis of drag reduction on an ejection seat during high speed ejection[R]. All progress Reports, CFDRC Project No. 4128.

[43] HABCHI S D, PREZEKWAS A J. CFD analysis of the NACES ejection seat[R]. SBIR Phase Ⅰ Final Report, CFDRC Report No. 4860/4.

[44] HABCHI S D, PREZEKWAS A J. CFD analysis of the NACES seat with yaw fins[R]. Final Report for NADC, CFDRC Report 4127/1, 1991.

[45] HABCHI S D, HUFFORD G S. CFD analysis of the NACES seat with yaw fins deployed at 60° sweepback angle[R]. CFDRC Report 4129/1 for NAWC – A/D, 1992.

[46] YANG H Q, HABCHI S D, PRZEKWAS A J. General strong conservation formulation of Navier-Stokes equations in nonorthogonal curvilinear coordinates[J]. AIAA Journal, 2012, 32, 5(5): 936 – 941.

[47] HABCHI S D, ROCK S G. Computational fluid dynamics tools for escape aerodynamic analysis[R]. ADA – 353755x9, 1998.

[48] 钱翼稷.空气动力学[M].北京: 北京航空航天大学出版社,2004.

[49] 徐华舫.空气动力学基础(上册)[M].北京: 国防工业出版社,1979.

[50] GB/T 16638.1 – 1996.空气动力学概念、量和符号-第 1 部分 空气动力学常用术语[S].北京: 中国国家标准化管理委员会,1996.

[51] 国防科工委.GJB 1061 – 1991.高速风洞和低速风洞测力试验精度指标[S].北京: 中国人民解放军总装备部,1992.

[52] ANON. Quality assessment for wind tunnel testing[R]. AGARD – AR – 304, 1994.

[53] ANON. Assessment of wind tunnel data uncertainty[R]. AIAA S – 071 – 1995, 1995.

[54] CAHILL D M. Experiences with uncertainty analysis application in wind tunnel testing [C]. 25th Plasmadynamics and Lasers Conference, Colorado Springs, 1994: 1 – 6.

[55] BETER D L. Comparison of wind tunnel data repeatability with uncertainty analysis estimates[C]. 20th AIAA Advanced Measurement and Ground Testing Technology Conference, Albuquerque, 1998: 1 – 5.

[56] KAMMEYER M. Wind tunnel facility calibrations and experimental uncertainty[C]. AIAA Advanced Measurement and Ground Testing Technology Conference, NM, 1998: 1-6.

[57] LARRY A M. A new method for integrating uncertainty analysis into data reduction software[R]. AIAA-98-0632, 1998.

[58] TRIPP J, TCHENG P. Determinnation of measurement uncertainties of multi-component wind tunnel balances[R]. AIAA-94-2589, 1994.

[59] 陈丽,周岭.气动力气动热相关性技术及工程数据库[R].绵阳:中国空气动力研究与发展中心,2003.

[60] 张平,陈作斌,李建强.风洞数据不确定度分析系统及在921-3数据评估中的应用[R].绵阳:中国空气动力研究与发展中心,1998.

[61] 黄勇,钱丰学.战术导弹相关性研究模型 ZSDD-1A 风洞试验数据不确定度评估[R].绵阳:中国空气动力研究与发展中心高速所,2000.

[62] 陈德华,吴文华,王晋军.战斗机弹射救生系统数值模拟研究[J].航空学报,2006, 27(5): 778-783.

[63] 陈德华,刘大伟,黄勇,等.弹射救生系统大迎角大侧滑角气动特性工程计算方法研究[J].空气动力学学报,2013,31(3): 273-276.

[64] JAMESON A, SCHMIDT W, TURKEL E. Numerical solution of the Euler equations by finite volume methods using Runge Kutta time stepping schemes[C]. Fluid and Plasma Dynamics Conference, Palo Alto, 1981: 2004-4325.

[65] JAMESON A, MAVRIPLIS D. Finite volume solution of the two dimensional Euler equations on a regular triangular mesh[C]. 23rd Aerospace Sciences Meeting, Reno, 1985: 1-5.

[66] ARLINGER B G. Computation of supersonic flow around three dimensional wings[R]. ICAS-82-6.1.3, 1982.

[67] ARLINGER B G. Computation of supersonic flow about complex configuration[R]. AIAA-84-259, 1984

[68] JAMESON A. Steady-state solution of the Euler equations for transonic flow[J]. Transonic Shock & Multidimensional Flows, 1982: 37-70.

[69] 庄逢甘,张涵信.求解气体动力学方程的推进迭代方法[J].空气动力学学报, 1987,5(3): 3-23.

[70] PULLIAM T H, CHAUSSEE D S. A diagonal form of an implicit approximate-factorization algorithm[J]. Journal of Computational Physics, 1981, 39(2): 347-363.

[71] MICHAEL B G. Non-reflecting boundary conditions for Euler equation calculations[R]. AIAA-89-1942-cp, 1989.

[72] THOMAS J L, SALAS M D. Far-field boundary conditions for transonic lifting solutions to the Euler equations[J]. AIAA Journal, 1986, 24(7): 1074-1080.

[73] Swanson R C, Turkel E. Artificial dissipation and central difference schemes for the

Euler and Navier-Stokes equations[R]. AIAA - 87 - 1107, 1987.

[74] 黄明恪.用非结构网格和欧拉方程计算多段翼型绕流[J].空气动力学学报,1997, 15(3): 320 - 327.

[75] WEATHERILL N P, JOHNSTON L J. A method for the solution of the Reynolds-averaged Navier-Stokes equations on triangular grids[R]. AIAA - 86 - 103, 1986.

[76] WILLIAM J C, BRAM V L. Numerical flux formulas for the Euler and Navier-Stokes equations. II - progress in flux-vector splitting[C]. 10th Computational Fluid Dynamics Conference, Honolulu, 1991: 422 - 427.

[77] MAVRIPLIS D J, JAMSON A. Multigrid solution of the Navier-Stkoeds equations on triangular meshes[J]. AIAA Journal, 1990, 28(8): 1415 - 1425.

[78] ANDERSON M K, BONHAUS D L. Navier-Stokes computations and experimental comparison for multielement airfoil configurations[R]. AIAA - 93 - 0645, 1993.

[79] SPALART P R, ALLMARAS S R. A one equation turbulence model for aerodynamic flows[R]. AIAA - 92 - 0349, 1992.

[80] FORSYTHE J R, HOFFMANN K A. Detached-eddy simulation of a supersonic axisymmetric base flow with and unstructured solver[R]. AIAA - 00 - 2410, 2000.

[81] MORTON S, FORSYTHE J, MITCHELL A, et al. DES and RANS simulations of delta wing vortical flows[R]. AIAA - 02 - 0587, 2002.

[82] WOODARD P R, BATINA J T. Quality assessment of two and three dimensional unstructured meshes and validation of upwind Euler flow solver[R]. AIAA - 92 - 0444, 1992.

[83] PARIKH P, PIRZADEH S, LOHNER R. A package for unstructured grid generation, finite element flow solution and flow filed visualization[R]. NASA CR - 182090, 1990.

[84] LOHNER R, PARIKH P. Generation of three dimensional unstructured grids by the advancing-front method[R]. AIAA - 88 - 0515, 1988.

[85] 恽起麟等.高速风洞和低速风洞流场品质规范[M].北京:国防科工委军标出版部 发行部出版,1992.

[86] 王维新.1.2 米×1.2 米跨超声速风洞性能与使用[R].绵阳:中国空气动力研究与 发展中心高速所,1993.

[87] 海志原大树.自目鬼英雄.ステッフモータの制卸方法[J].自动化技术第十三卷, 昭和 56 年 12 月.

[88] 吴石增.抗干扰六相环形分配器的设计[J].电子技术应用,1981(6): 27 - 31.

[89] 王发祥.高速风洞模型设计规范[M].北京:国防科工委军标出版部发行部出 版,1992.

[90] 高健,吴名.TY5 人/椅高速吹风模型[R].襄阳:中国航空救生研究所,1994.

[91] 施洪昌.高低速风洞测量与控制系统设计[M].北京:国防工业出版社,2001.

[92] 国防科工委.GJB2244.风洞应变天平规范[S].北京:中国人民解放军总装备部, 1994.

[93] 恽起麟.风洞试验数据的误差与修正[M].北京:国防工业出版社,1996.

［94］ 陈震.人体模型四肢测力试验报告［R］.沈阳：沈阳空气动力研究所,1980.

［95］ 吴慰祖.高速风洞人椅模型手臂气动力测量与分析［J］.航空与航天,1982,2(4)：71－77.

［96］ CHEN D H, WANG J J, WU W H, et al. Ejection seat test techniques in a high speed wind tunnel［J］. Journal of Aircraft, 2012, 43(5)：1593－1596.

［97］ CHEN D H, WU W H, WANG J J, et al. Investigation on the aerodynamic performance of an ejection seat［J］. The Aeronautical Journal, 2007, 111(1120)：373－380.

［98］ 郑世华.高速风洞人椅模型肢体测力和局部测压试验技术研究总结报告［R］.绵阳：中国空气动力研究与发展中心高速所,1999.

［99］ 郑世华,杨在山,王俊兰.人椅组合模型肢体气动特性和局部气动载荷跨超声速风洞试验研究［J］.试验流体力学,2001,15(4)：41－45.

［100］ 郑世华.人椅系统模型肢体测力及测压试验计算任务书［R］.绵阳：中国空气动力研究与发展中心高速所,1999.

［101］ 田洪盛.高速风洞航空弹射座椅大迎角大侧滑角试验机构控制系统研制报告［R］.绵阳：中国空气动力研究与发展中心高速所,1996.

［102］ 陈德华.1.2米风洞航空弹射座椅大迎角大侧滑角测力试验实施方案报告［R］.绵阳：中国空气动力研究与发展中心高速所,1995.

［103］ 李晓华.高速风洞航空弹射座椅大迎角大侧滑角特种天平(TS－30)研制报告［R］.绵阳：中国空气动力研究与发展中心高速所,1996.

［104］ 陈德华,李晓华,彭云.弹射救生系统大迎角大侧滑角天平设计研究［J］.试验流体力学,2005,19(1)：66－70.

［105］ 李晓华.人肢体测力试验多台天平研制［R］.绵阳：中国空气动力研究与发展中心高速所,1999.

［106］ 陈德华.高速风洞航空弹射座椅大迎角大侧滑角试验技术研究［J］.试验流体力学,1999,13(1)：49－53.

［107］ 张云然,吴桂荣.高速气流吹袭人体力学效应与防护［M］.北京：国防工业出版社,2010.

［108］ 陈德华.XX工程弹射座椅大迎角大侧滑角高速测力试验研究［R］.绵阳：中国空气动力研究与发展中心高速所,1996.

［109］ 陈德华.高速风洞飞机人椅系统试验技术及其空气动力特性研究［D］.北京：北京航空航天大学博士论文,2004.